What is sex

一般人にとっては、セックスとは男女が裸で交わることであり——
医者にとっては、セックスとはエイズの原因であり——
何でも二つに分けることしか能のないお堅い人にとっては、
セックスとは単に男か女かの意味しかもたない。
セックスとはなぜこうも誤解されるのだろう？
それは誰もセックスの歴史を知らないからではないだろうか？
私たち科学者は、なぜ生命に関する算術の基礎を顧みないのだろうか？
生物学においては、1＋1は2ではなく、
1＋1＝1なのである。一つの精子と一つの卵を足せば一つの受精卵ができるように。
どんなにすばらしいコンピュータ・モデルを使って性行動を予測しても、
何時もうまくいかないのはこのせいなのだろうか？
セックスは青年に、反抗心と狂おしい嫉妬とロマンチックな空想と
無謀な賭けと、そして赤ん坊をもたらす。
私たちの一生にとって、セックスはなぜこうも強く、
しかも不可思議な力となるのであろうか？

性《セックス》とはなにか

リン・マーギュリス＆ドリオン・セーガン
石川 統 訳

せりか書房

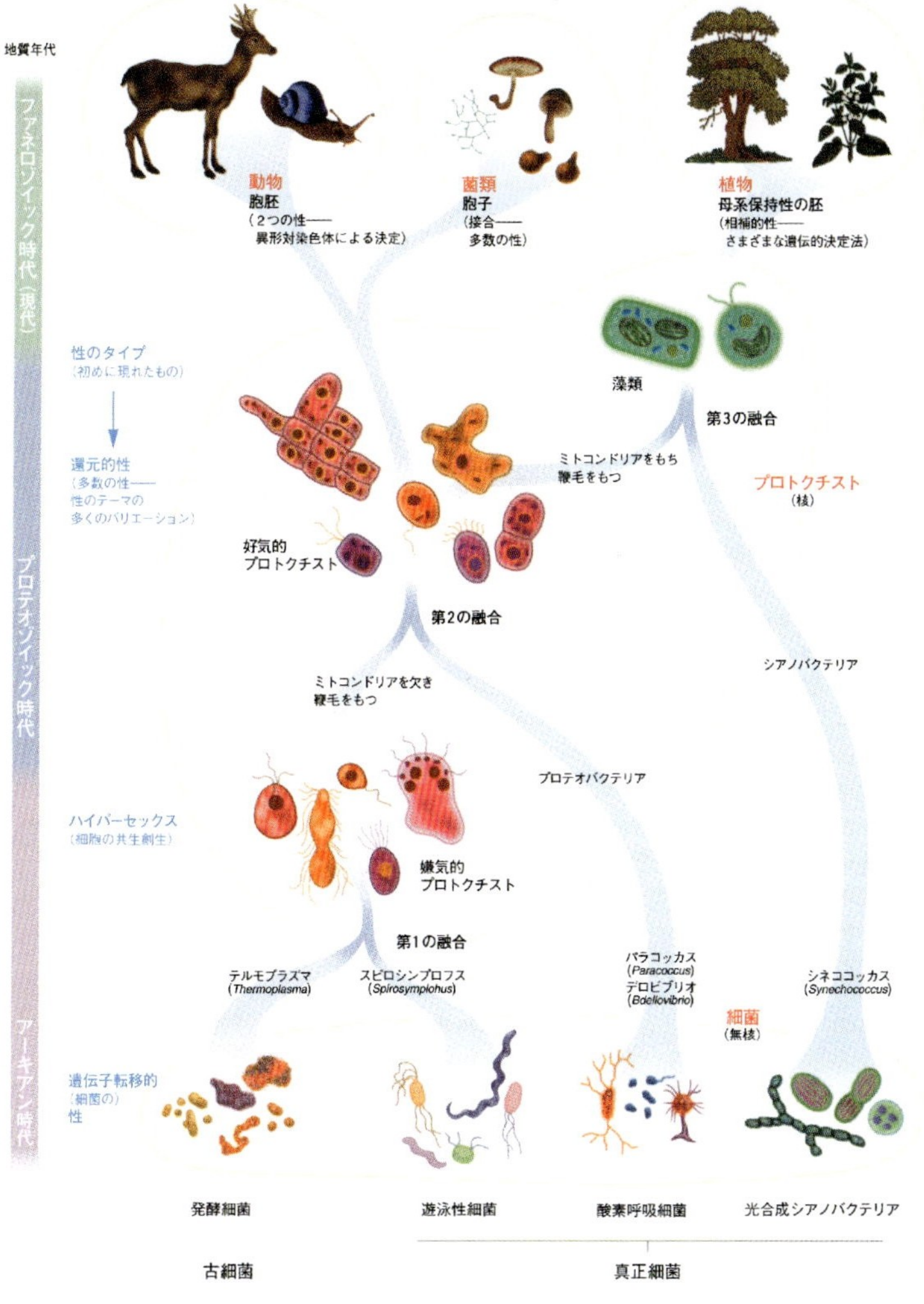

【図版1】性の時間軸でみた進化．共生（ハイパーセックス）による融合が原核生物から有核細胞をもたらし（第1の融合），第2の（ハイパーセックスによる）融合が酸素呼吸をもたらし，第3の融合で光合成（藻類）が進化した．祖先たちの融合的（還元的）性から動物，菌類，植物が生まれた．

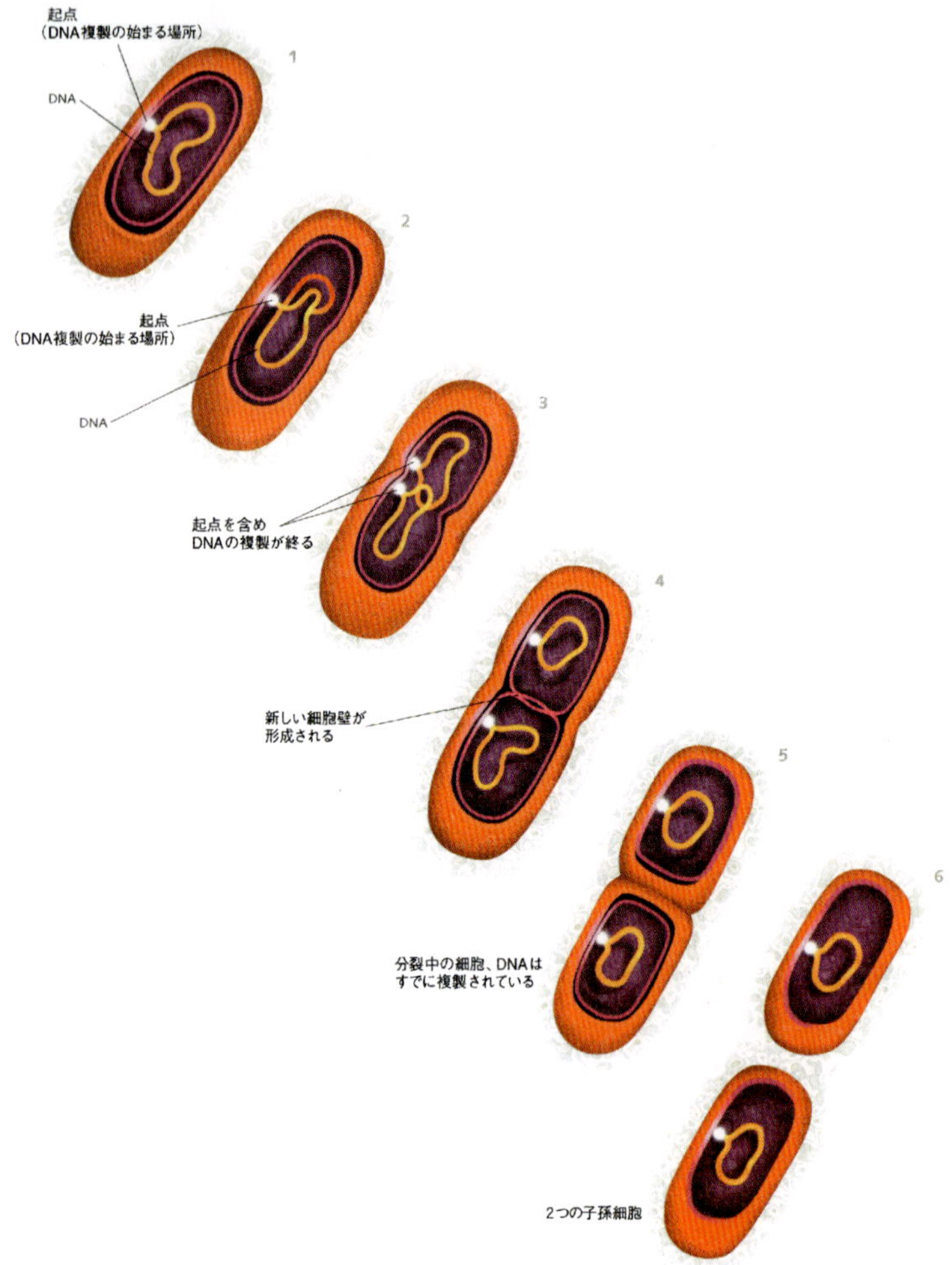

【図版 2】 1 つの細胞が 2 つになる：細菌の生殖を示す透視模式図．
DNA（染色糸）の複製（1-3）．二分裂で 2 つの子孫細胞ができる（4-6）．

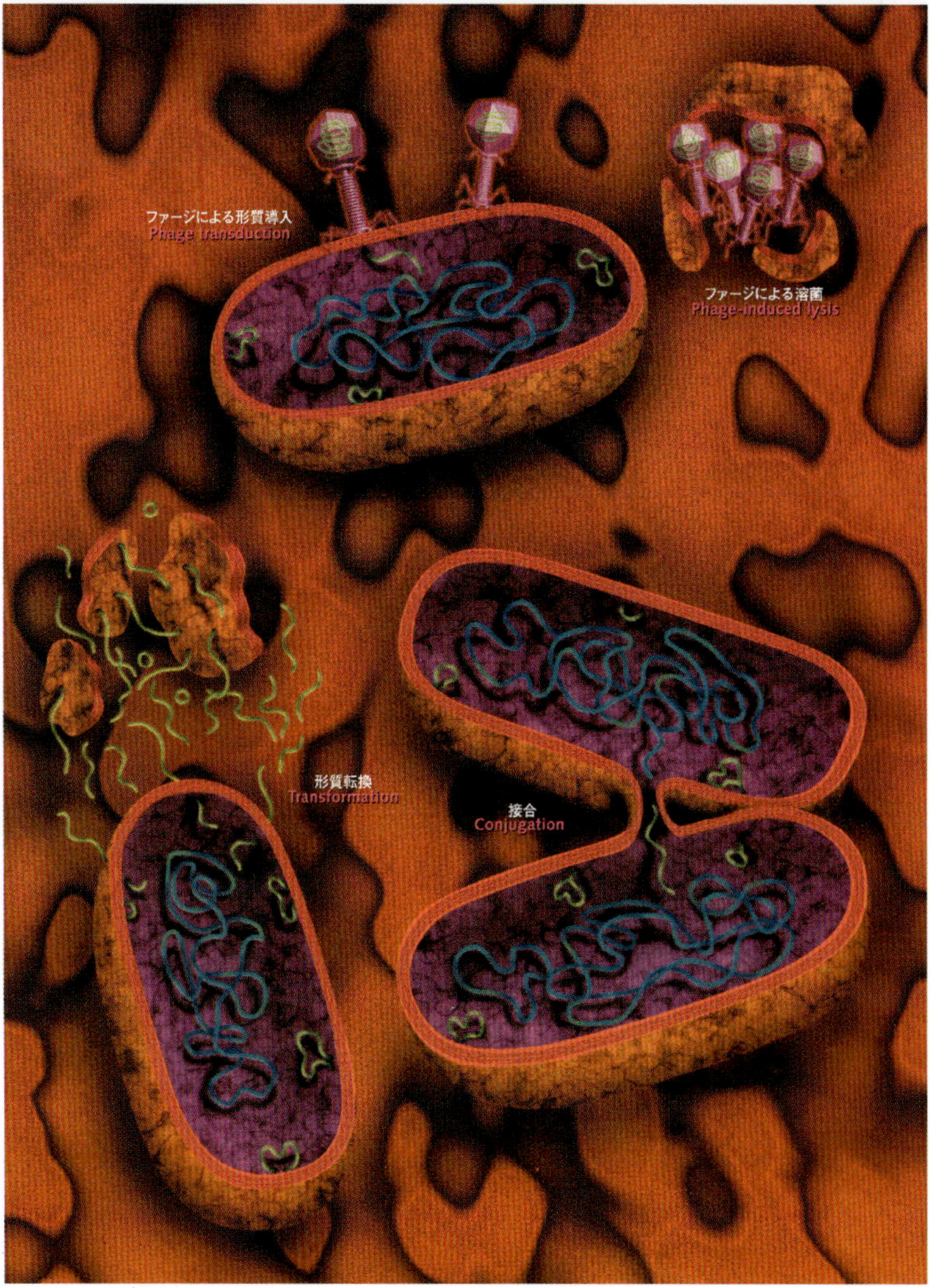

【図版 3】細菌の性の現場．左上から左下へ時計まわりに：
ファージによる形質導入；ファージによる溶菌；接合；形質転換．

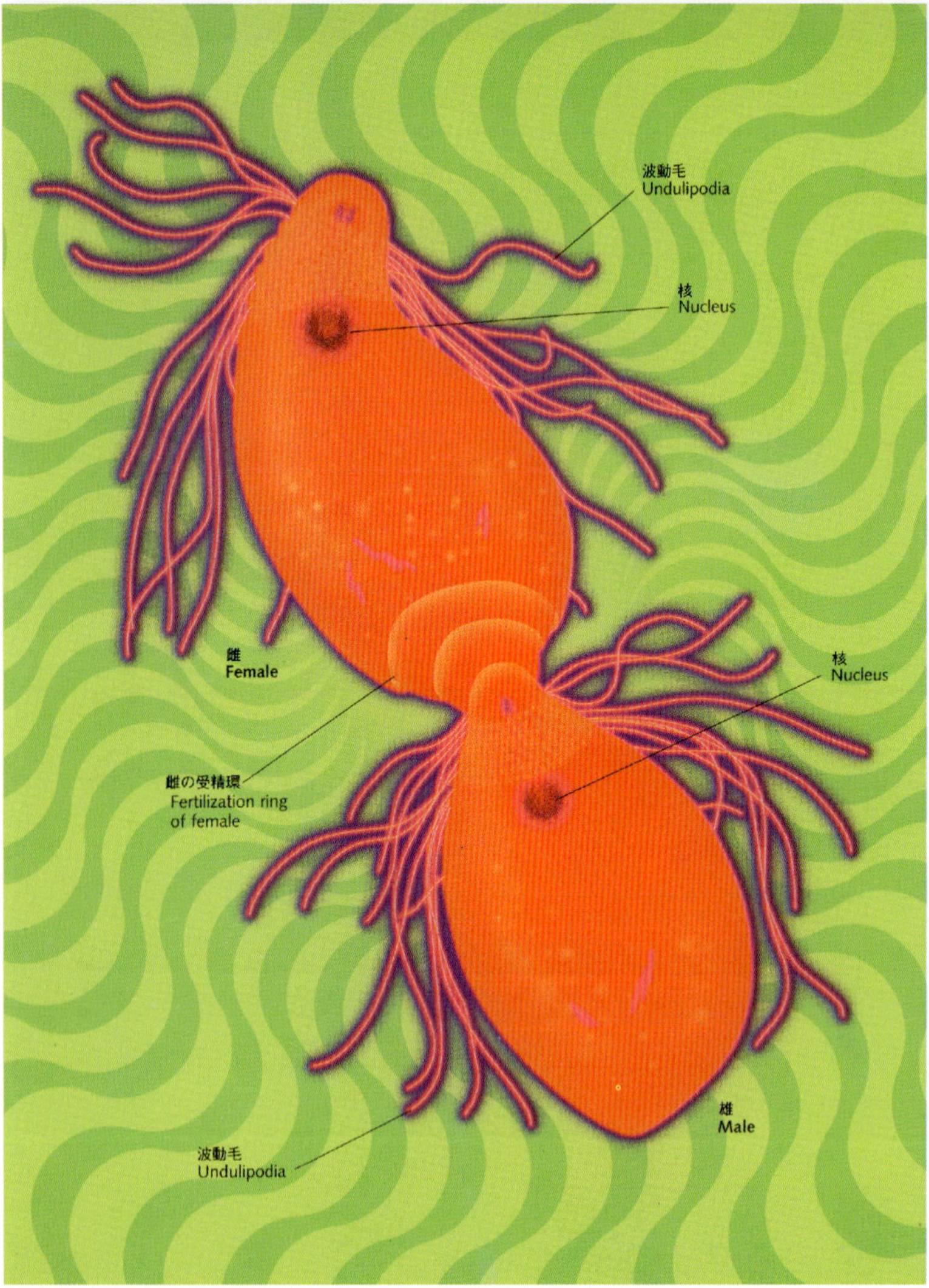

【図版 4】初期のプロトクチストの性．トリコニンファを模式的に描いてある．
今や性別が生まれ，雄が雌を背後から貫いている．

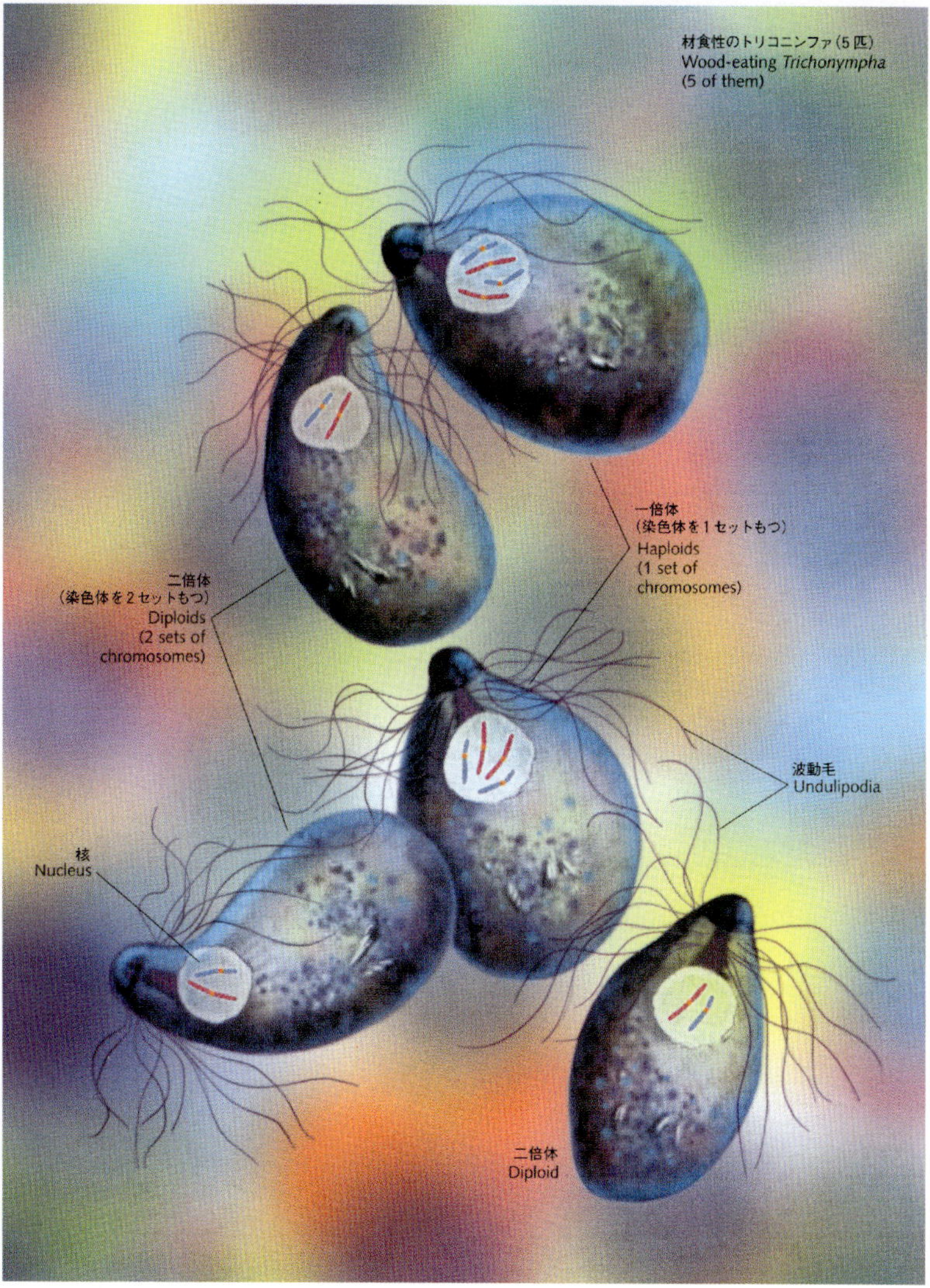

【図版 5】 プロトクチスト．一倍体（1セットの染色体）と
助けを求めている二倍体（二重性の怪物）．

【図版 6】 多くのプロトクチストでは，性によって軸と繁殖体を容れる球体がもたらされる．これらは，交配し，増殖する粘菌とよばれる泳ぎ，這いまわるプロトクチストのつくったものである．

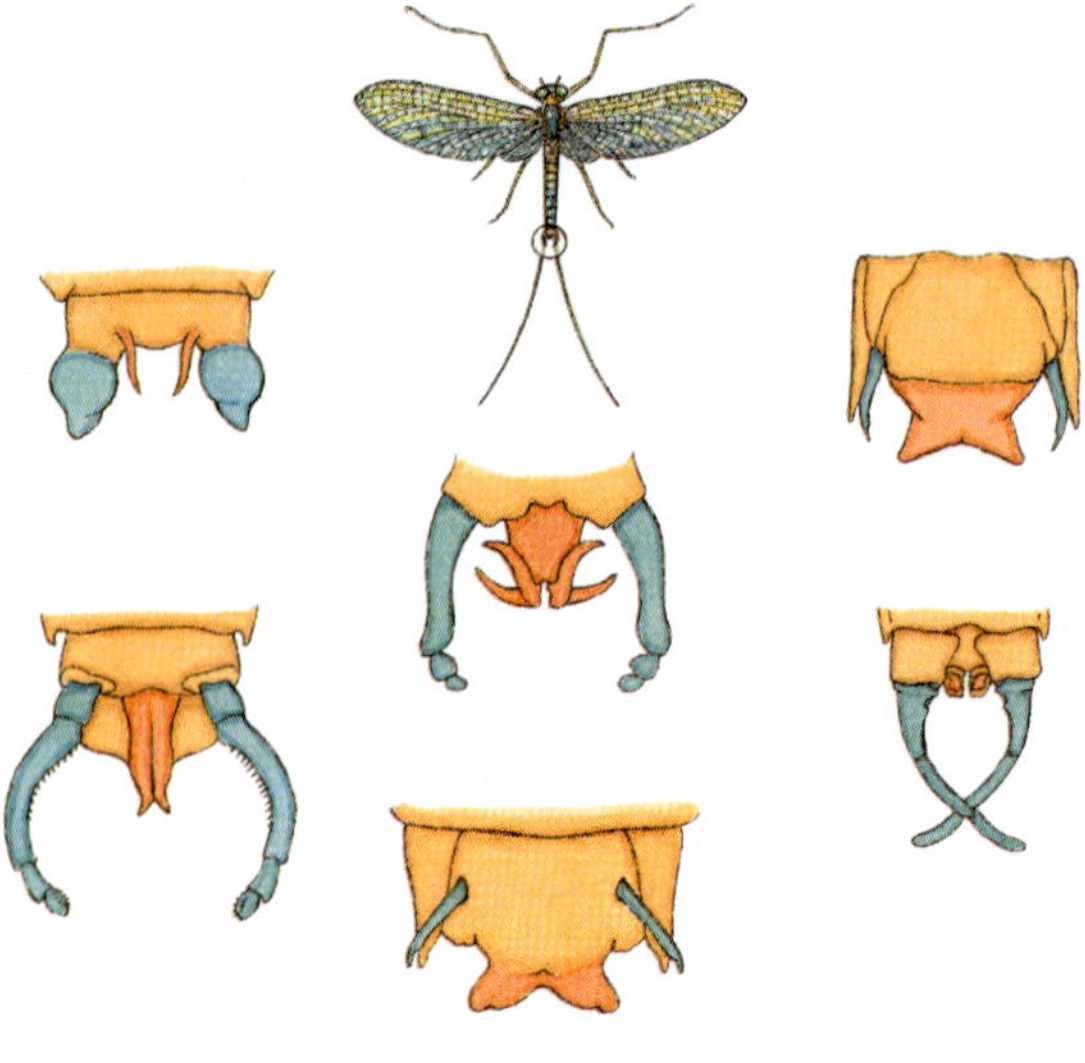

【図版 7】 イトトンボの生殖器．青：把握器；ピンク：陰茎．

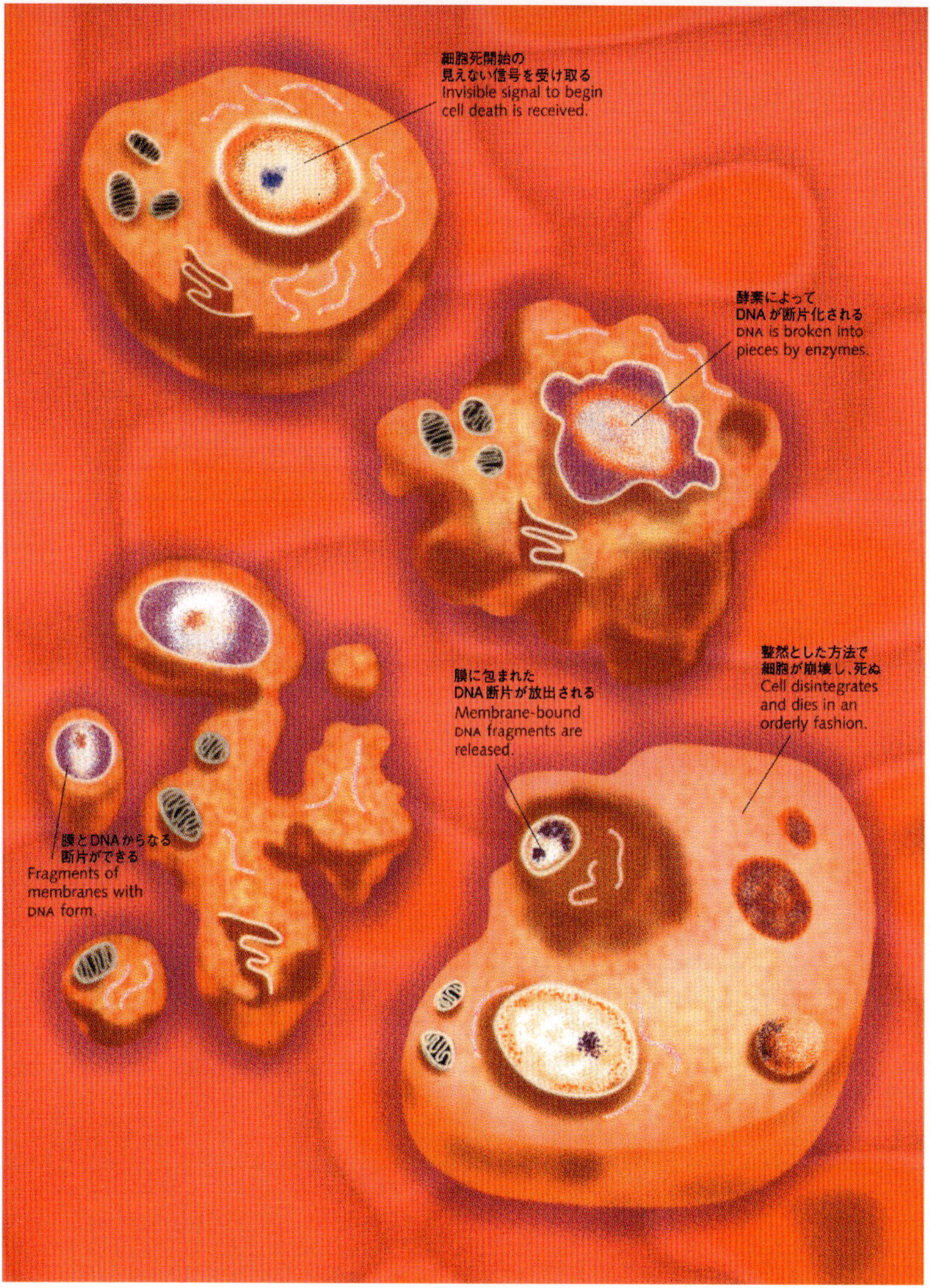

【図版 8】アポトーシス：プラグラム細胞死．死にゆく細胞（左上）は自らのＤＮＡをひっそりと分解し，膜に包んで小胞（左下）として分散させる．それらは他の細胞に飲み込まれる（右下）．

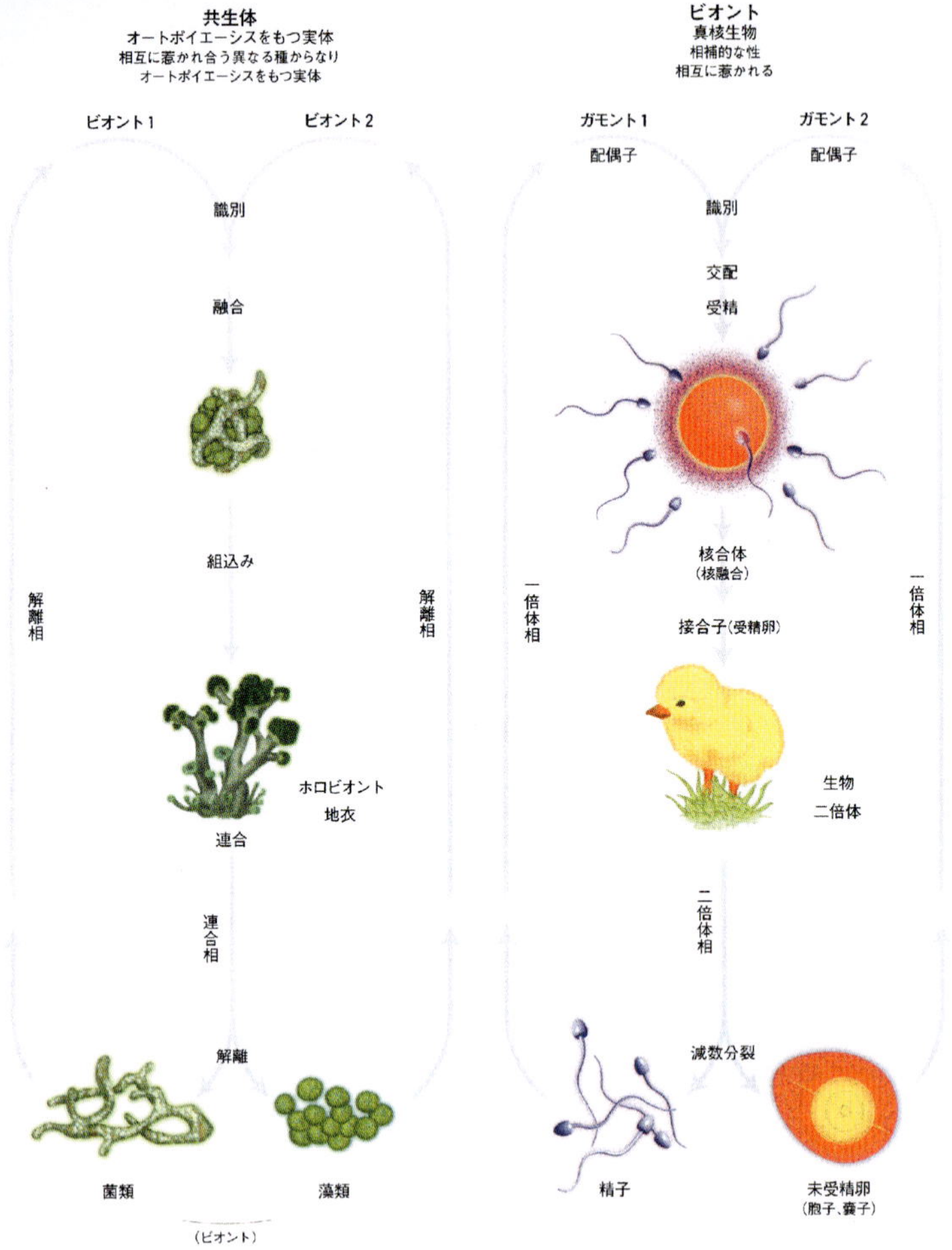

【図版 9】周期的共生(左)と有性生殖周期(右)の比較.
双方とも, 単一相(単相, 分離相), 識別, 融合(受精, 共生創生),
組込み(連合相)および分離(減数分裂)の段階をもっている.

性《セックス》とはなにか——目次

日本語版読者へ

　年齢、性別、言語の違いには関係なく、性は誰にとっても重大な関心事であると思われる。このようにあまねく性が特別扱いされること自体、性の進化史の所産であると思うし、本書では、それがなぜかを説明しようと思う。

　生殖は性とはまったく別のものである。生物の歴史からみれば、生殖が性と絡むようになったことさえ、むしろ最近のことである。性の物語の中でも、とくに動物の系統で、一〇億年前に、性がどのようにして生殖とプログラム死の両方と結びついたのかという話は魅力的である。ほとんどすべての人は、性の物語のほんの結末の部分しか学ぼうとしないが、それを残念なことだと私たちは思う。ここでは、性は必ずしも子孫を確保し、子孫の多様性を維持する目的で存続しているのではなく、それ以外の多くの理由で存在し続けていることをのべたい。性が重要であり続けているのは、その紆余曲折した過去が思いがけない一面をもつからである。とくに、組織の発達や季節ごとにくり返される生死が、性と密接な関係をもっていたからである。

　私たちの話は、科学的には、チャールズ・ダーウィンの生物進化という偉大な概念の枠組みの中で語られる。彼の一連の考えが普遍的に重要、かつ興味深いのは、今日、あらゆる生物は過去の共通の祖先たちを通じてつながっているという事実があるからである。生物は途方もない増え方をする——この世に現れる生物の数は、生き残って子孫を残す生物の数よりもはるかに多い。それゆえに、「自然選択」（選択的生存）が行われる。ある割合の生物だけが子孫を残し、その遺伝的形質を彼らに託すことができる。

　ダーウィンの没後、時を経た今世紀の初め、大部分はイギリス人だったが、頭の切れる数学者と科学者が集まって、「新しい総合」という概念を樹立した。彼らが目指したのは、ダーウィンの自然選択のアイデアをグレゴール・メンデルの遺伝の実験から説明しようというものであった。この流れにあった、最も有名な日本人科学者が木村資生である。ダーウィニズムを「メンデル遺伝学」の言葉で数式化することから、集団遺伝学など事象を定式化する分野が生まれた。これらが一緒になって、「新しい総合」は今日では、「ネオダーウィニズム」と呼ばれている。私たちの進化物語は、ネオダーウィニズム的な定式化は避けて通る。その替わりに、次のような問いを発する。性にはどんな種類があるのか？　地球の歴史上、性は何時始まったのか？　それは、どんな生物で？　そのときの周囲の状況はどんなものだったのか？　そして何よりも、性は進化し、発達したのか？　なぜ、これほど風変わりで、思いがけない経緯をたどったのか？　なぜ、その過程は進行を止めて、性は菌類、動物、そして植物に維持されるようになったのか？　私たちのこうしたアプローチは、動物に偏りがちなネオダーウィニズムを超えて、細胞たちの歴史と、なぜ彼らがあれほど密接に関係し合ったかを、より深く理解することにつながるであろう。

私たちにとって大変に幸運だったことは、現代生物学に精通し、とくに細胞の進化に造詣の深い石川統教授が、本書を日本語で読めるよう翻訳を引き受けてくれたことである。石川教授の協力によって、性とその歴史についての議論が日本の読者にも興味をもたれるようになることを期待している。ところで、私たちには、結婚して日本（仙台）に住む親戚（メアリー・マーギュリス - オオヌマとその家族）がいるが、残念ながら彼らは日本語の知識に乏しい。したがって、この「What is Sex ?」の日本語版についてのご意見やご質問があれば、東京大学の石川教授か出版社に直接連絡していただきたい。私たちが等しく望んでいる目標は、現代科学の粋を集めて進化の物語を再構築することである。

一九九九年八月

リン・マーギュリス、ドリオン・セーガン
アマースト、ノーザンプトンにて

一般人にとっては、セックスとは男女が裸で交わることであり——
医者にとっては、セックスとはエイズの原因であり——
何でも二つに分けることしか能のないお堅い人にとっては、
セックスとは単に男か女かの意味しかもたない。
セックスはなぜこうも誤解されるのだろう？
それは誰もセックスの歴史を知らないからではないだろうか？

私たち科学者は、なぜ生命に関する算術の基礎を顧みないのだろうか？
生物学においては、1＋1は2ではなく、
1＋1＝1なのである。
一つの精子と一つの卵を足せば一つの受精卵ができるように。
どんなにすばらしいコンピュータ・モデルを使って性行動を予測しても、
何時もうまくいかないのはこのせいなのだろうか？

セックスは青年に、反抗心と狂おしい嫉妬とロマンチックな空想と
無謀な賭けと、そして赤ん坊をもたらす。
私たちの一生にとって、セックスはなぜこうも強く、
しかも不可思議な力となるのであろうか？

性《セックス》とはなにか

私は誘惑以外ならば、何ものにも対抗できる

――オスカー・ワイルド

1

熱気に包まれた宇宙――
性のエネルギー

永遠の歓喜

　万物は、不摂生に飲みこまれ、時とともに消耗しながら、星明かりにまみれている。万物は燃え、変化し、堕落し、そして死ぬ。天か地かを問わず、あらゆる動くものの中に先人たちは生命を見出したが、宇宙全体からみれば、生命はまれなものでしかない。しかし、それが宇宙である――もっとも基本的意味で言えば、あらゆる生命は、場所や時代に関わりなく、エネルギーの流れ、つまり星たちの莫大なエネルギーに満たされた宇宙における物質のやりとりとしてしか捉えることはできない。星たち、地球上の生命で言えば、それはわが太陽であり、それが生命に活動のエネルギーを与えている。生命の根底にある営みとは、星の光をとらえ、蓄え、それを利用可能なエネルギーへ変えることである。光合成*によってとり込まれた光子が、身体と食物を作り上げる――光子*こそ、セックスと食事という、二つのもっとも基本的で、普遍的な喜びをもたらすエネルギー源である。

　生命は感受性に富み、性*と食物に魅せられる。愛と食物のとりことなることによって、生命は保たれ、増殖するからである。とはいっても、増えるために、すべての生物種が性をもたなければならないわけではない。性をもつすべての種では、性がエネルギー変換の決定的な役割を果たし、それによって生物は、このエネルギーみなぎる宇宙において、自らを維持し、その複雑さを増していく。しかも、最初の生命体にとっては、死という不可避のものでさえ無縁の存在であった。生命体は元来は不死身だったのである。後でのべるように、個体の存在の終末としてわれわれが恐れている死は、およそ一〇億年前に始まった、性によって増殖する生物の進化と密接に関連している。

有性生殖を行う生物として、われわれは死すべき運命をになってはいても、性は偉大である。それは喜びと、そして、赤ん坊、つまり人類の未来をこの世にもたらす。両親たちの性行為がなかったならば、われわれは一人としてこの世にはいない。性があるから、われわれは生きて、呼吸をして、考える存在であるばかりでなく、起源を異にする遺伝子のユニークな混合物、つまりかけがえのない個人となる。この世が性を進化させたことは、個性を育てる上で最大の贈り物であった。あらゆる生物たちにとってもそうだというわけではないが、性はわれわれを過去の場所と時間へ結びつける。その結びつきが、われわれの生殖*にとって必要だからである。なぜならば、われわれ動物の視点からみれば、性の一つの側面は生殖と不可分の化学的反復作用であり、それが果たしている機能は、一方向性の時の流れに縛られた宇宙におけるエネルギーの消費と物質の分解だからである。

性とは何か？　この定義が混乱しているのは、性というものが底の底までたがいをさらけ出し合いながら、文字どおり二つの別個の存在を混ぜ合わせることと関係しているからである。それだけでなく、性のもつ重要性について、われわれが誤った連想をしがちだからである。われわれ自身は生物学的分類によれば有性生殖生物だが、だからといって例えば、性には性交、つまり性器を介するものしかないとか、性が生殖にとって必要なものだとかいうわけではない。事実、五つの生物界のうちの四つまでにおいては、大部分の生物が生殖に性を必要としていない。[1]

もっとも基本的な意味では、性とは遺伝的組換えのことである。性とは遺伝子の混合、すなわち別々の起源をもつDNA*分子を結合させることである。DNA分子が自分とよく似た、もう一つのDNA分子をつくることを、生物学者は複製とよぶ。一方、細胞やそれらの集合体である生物が、もう一つ同様の生物をつくることを、科学者たちは生殖とよぶ。広義の生物学的定義によれば、性の意味は簡単で、別々の起源をもつ遺伝子を組み合わせて、新しい個体をつくることである。性と生殖の意味は同じではない。ある意味では、どんな生物でも新しい遺伝子を受け入れ、性をたのしみながらも生殖をしないでいることができる。その一方、植物が芽を出し、細菌が分裂し、核をもつ細胞が増殖するとき、彼らは皆、性とは無縁である。アメーバもそうだし、われわれの身体をつくっている細胞でさえも、同様に無性的な増殖を行う。われわれが性と生殖を結びつけて考えるのは、両者が必然的、あるいは論理的に関連しているからではなく、われわれ動物の祖先が特異的な進化をする過程で、二つが偶発的に結びついたからである。最終章でみるように、性の人工化や避妊技術を通じて起こる性と生殖の乖離が、今後来るべきものの一つの姿である。

性で問題になるのは新しい遺伝子の獲得と遺伝情報の撹拌である。カードゲームと同様に、撹拌すると前よりもよい組合わせのできることがある。つまり生物学的にみて手がよくなることがある。自分自身を両親と比べてみるとわかるように、性は多様性を生みだす。しかし、宇宙からの放射線、ウイルスや共生体の獲得、あるいは環境の化学物質への接触など、DNAの構造を変えたり、DNAへ何かを付加して変異を生みだす過程は他にもたくさん存在する。宇宙という枠組みの中で生命を眺めたとき目を引くのは、生命が多量に変異を生みだすことではなく、むしろ生命がほぼ完璧に近いかたちで自らのコピーをつくれることである。有性生殖を行う種は何千万もいると思われるが、彼らにとっては性そのものが、ほぼ完璧なコピーを生みだす手段である。生物は自分と同じ種の仲間を識別することができ、非常に微妙な手がかりを頼りに、自分とは反対の性[2]をもつ仲間を選ぶことができる。男でも女でも、栗毛でも金髪でも赤毛でも、宇宙的見地から広く見渡せば、われわれはほぼ正確に両親そのものだといえる。有性生殖をするかどうかとは無関係に、生物は驚くほど少しの変化しか交えずに、自らのアイデンティティを子孫へ伝えている。

人類が性というものに強い関心をもつのは、それがわれわれの生活史の中で鍵をにぎる役割を果たしているからである。動物が生みだされて以来、われわれの祖先はおそらく六億年にわたって有性生殖に携わってきた。われわれが性に熱烈な興味をもつ理由を知りたければ、生殖における性の役割と、それとは無関係な性の役割の双方を理解しなければならない。物質系には、できる限り多くの存在状態に向かおうする傾向があり、それが原因となって、自然界には物事を混ぜ合わせ、混乱させ、明確な個別性を失わせるという流れがある。後でのべるように、生殖を離れたとき、性はそのような流れの一翼をになうものである。しかし、われわれの中では、性と生殖は複雑に結ばれている。だからこそ、性はわれわれにとっては、個別性を破壊する一方でそれを保持するという、別の側面をもっている。究極的には、有性生殖は個別性を維持し、それを再生産するという基本的な生物学の過程なのである。

生きたコピーをつくる生殖という過程は、生物のもつもっとも基本的な特徴に思えるかもしれないが、実際はこれは二次的な特徴である。生殖はオートポイエーシス*に基づいている。「自己をつくる」という意味のギリシア語に由来するオートポイエーシスこそが、生物のもつ基本的性質である。自分に似た別のものをつくる生殖は、自らをあるがままに保つことから派生した概念である。反応性のない物体とは違って、生物は常に物質とエネルギーの流れにさらされている。エネルギーをとり入れて多数の生化学的過程を働かせることによって、オートポイエーシスのネットワーク、すなわち生物は、絶え間なく構成成分を再循環させながら自らを維持している。これが代謝*である。同一の状態に留まるために変わるという能力、つまりエネルギーの流れを使って、自らの維持に必要な物質を循環させる能力が、オートポイエーシスを支える生化学上の基本的秘密である。

生物学者にして哲学者であるゲイル・フレイシェイカーによれば、すべてのオートポイエーシス系には共通の特徴が三つある——自己限定性、自己生成性、そして自己永続性である。すべてのオートポイエーシス系は細胞膜、皮膚あるいは殻に包まれている。これらの境界は一つのシステムをとり囲むと同時に、一方ではそのシステムが外界のエネルギーや物質とつながりをもつことを許容している。この意味でオートポイエーシス系は自己限定的である。境界をも含めてシステム全体はシステムそれ自体から生みだされるのだから、オートポイエーシス系は自己生成的である。そして、自己永続性とは、オートポイエーシス系が成長や増殖をしていないときにも、自らの相対的に複雑な形態を維持するために絶え間なくエネルギーを使っているという意味である。オートポイエーシスという概念を初めて提唱した、チリの生物学者ウンベルト・マツラーナは、生物の行動が他の自然の物体と同様に限定を受けたものであることを指摘している。生物は何らかの外力ではなく、自らの内部過程によって限定されている点に違いがある。古典的ニュートン物理学における典型的物体であるビリヤードの球にできるのは、反作用を行うことだけである。われわれ生物は外界だけでなく、自ら自身に照らし合わせて作用を行うことができる。われわれは、命をもたない物体にはみられない自由さと自己照合性という複雑さをもっている。この自由さと複雑さは、われわれがオートポイエーシスによる閉鎖性をもつ結果であり、この外界からの閉鎖性が、ふつう考えられている自己増殖性という性質よりもむしろ、生命のさらに基本的な特質なのである。オートポイエーシスは成功しているレストランのようなものである。成長と自己増殖は、レストランの拡張と系列店の増加のようなものである。

しかし、この超然さと独自性は生命系の一面でしかない。われわれは宇宙につながれている。有性生殖を含む自己増殖の前提条件であるオートポイエーシスが決定的に依存しているのはエネルギーの流れである。生命という名の島々は、エネルギー転換という宇宙の大海原との関係においてのみ理解することが可能になる。生物圏という言葉を普及させた、ロシアの科学者ヴラジーミル・ヴェルナツキイ（一八六三～一九四五）は、二〇世紀初めに、生き物のことを、太陽エネルギーの転換という観点でのみ理解できるという意味で「緑の炎」と表現した。太陽エネルギー、「それは光であるとともに化学物質であり、化学元素のエネルギーとともに働きつつ、生き物を生みだす最大の源となる」[3]。

ヴェルナツキイの師は、土壌は地質学的現象であるばかりでなく生物学的現象でもあることを提唱したV・V・ドクチャーエフであった。その影響を受けてヴェルナツキイは、物理学的地球を生物学的に見れば、その表層全体は生命によって包まれていると、師の説を拡張した。生命という言葉と、それに込められた神学的、哲学的ならびに歴史的意味に触れることを避けながらも、唯物論者ヴェルナツキイがひたすら語ったのは生き物についてであった。第一次世界大戦と、それに伴う弾薬、航空機ならびに軍隊の輸送を見て、ヴェルナツキイには人間の活動も一つの地質学的現象としてとらえることが可能であるという考えが生まれた。成長と生殖のエネルギーも、生物が移動し、行動するエネルギーも、結局は太陽光の変成物である生物地球化学的エネルギーであった。例えば、化石燃料は、石炭紀の巨大な種子性シダ類（ソテツ植物）などがオートポイエーシス的に太陽光を捕捉し、光合成によってそれを炭素主体の生命物質へ変え、堆積したものである。生物のエネルギーは、進化や生物圏を切り拓くためのエネルギーを含めて、太陽に源がある。生命物質の基本的元素である炭素、水素、酸素、イオウ、窒素およびリンは宇宙に共通にみられるが、この地球表面では独特の、エネルギーに富む有機体の形で存在している。

複雑な組織や器官をもち、老化から免れられない身体をもつ動物たちは、プロトクチスト（真核単細胞生物を指す原生生物とほとんど同じ意味だが、マーギュリスらは、いくつかの理由から、原生生物に細胞性粘菌、変形菌、ミズカビ類、多細胞の海藻類などを加えて、こう呼ぶことを主唱している」とよばれる有性生殖を行う一群の微生物から進化してきたものである。また、プロトクチストは、いくつかの非常に異なるタイプの細菌がたがいに深く結びつくことによって生みだされた。プロトクチストを経由して最初の動物を生みだした、細菌どうしのこの結びつきは性以上の重要性をもっていた。非常に違った生物どうしの融合が起こったからである。彼らは同一の肉体を共有するようになった。しかも、短時間ではなく、永遠にである。今日、われわれの組織をつくっている、ほとんどすべての細胞の中身にはミトコンドリアとよばれる部分がある。この部分は母親からだけ遺伝する。およそ二〇億年前、彼らミトコンドリアには気まぐれな祖先がいて、それが性と病原菌の感染の両方に似た過程を通じて大きな細胞の中へもぐり込み、生活を始めた。細胞の子孫にとって幸いなことに、彼らはその後一度もいなくなることはなく、植物、動物およびプロトクチストなど、すべての細胞の永遠のパートナーとなったのである。[4]

大部分の宇宙論者、核物理学者、天文学者、それに宇宙科学者の説によれば、宇宙の始まりは、およそ一三五億年前に現れた特異点——限りなく熱く、この上なく濃密な点——にあったあらゆるものが爆発したときなのだという。爆発から一秒後には、その「ビッグバン」に由来する物質は三光年という、計りしれない距離にまで拡散した。原子が存在するためには、まだ温度が高すぎた。爆発から三分後には、原子の基になる粒子が摂氏一〇億度にまで

「冷却され」、約四〇光年の距離まで拡がった。科学者たちは、恒星の発する光の波長がずれる、いわゆるレッドシフト現象の観察から、各銀河系は現在でもおそろしい速度でたがいに遠ざかりつつあることを知っている。ビッグバンが続いているのである。宇宙空間では、あらゆる方向へ向かって微弱なマイクロ波が放射されている。このいわゆる背景放射は、すべての物事の始まりとなった巨大爆発の、時を隔てた「こだま」なのである。炭素のように比較的重く、結局生命物質にとり込まれることになった元素のいくつかは、もっと後で、より軽い元素からつくられた。これらは、後になると爆発する星にある天然の原子炉で、本当の錬金術によってつくられたのである。われわれは、微粒子どうしの爆撃とぶつかり合い、前性的融合、あるいは超人間的暴力の申し子なのである。

天の川。このうずまき状の銀河のはるかな一端に、わが太陽系は位置している。天の川が宇宙塵をもたらした。このもうもうとした宇宙塵から、引力の作用によって凝集し、やがて太陽となるはずの微粒子が形成された。宇宙でもっとも量の多い元素である水素が、核融合とよばれる強力な反応の原材料となった。この反応に由来するめくるめく放射光、つまり太陽光は多くの人類社会の信仰の対象となった。わが太陽系最大の惑星で、水素に富む木星がもう少しだけ大きかったなら、第二の太陽となり、二星性太陽系となったことであろう。約五〇億年前には、地球はまだどろどろに溶けた状態で、太陽のまわりに軌道を描いていた。

彗星、隕石および月からみつかる、太陽系でもっとも古い固形状岩石は約四六億年前のものである。最近の天文学の見解によると、強力な衝撃力が地球の一部分を、その周囲の軌道上へ引っぱり出すことによって月はできたのだという。遺伝学、化石学および比較形態学の何れの証拠も、地球が冷えて固形状の地殻ができると間もなく、その上ですべての生物の進化が始まったことを強く示唆している。水素は軽いために、宇宙空間へ逃げ出す傾向にある。水素ガスが飛び立つのを妨げてきたのは生物である。オートポイエーシスと生殖による再循環によって、地球は水素に富む、生き生きとした環境、すなわち肉体に満ちた場所を保持してきた。水素を保持する水に満ち、表面に炭素、リン酸、イオウを積み込んだ、わが地球は太陽系の中で独特の存在である。わが活力ある地球が実際に、近所にある惑星たちとの間に一線を画し始めたのは、約四〇億年前、生命の起源のときであった。

今日でも、生命の起源をもたらした宇宙の法則性は、性生活を含め、われわれの生活に強い影響を及ぼし続けている。繁殖期の決定に関与するホルモンであるメラトニンは、われわれ自身を含む多くの動物を、特定の季節になると欲情させるひき金となる。メラトニンは太陽光の刺激によって、脳の松果腺*から分泌される。ある種のトウゴロウイワシは春の満潮時に満月の光に照らされた海岸で交配する。星占いはナンセンスだが、地球と月の運行、昼夜と季節のサイクル、そしてとくに太陽放射光は、地球表面の生物の生活に合図を送り、影響を与え続けている。生物学的周期性を研究する生物学者は、外因性（外部からのきっかけによる）リズムと内因性（内部のきっかけによる）リズムを区別している。生物は時の経過につれて、自らの進化を育んだ環境からしだいに独立した。それにともなって、外界のできごとがひき金となる自然のリズムを、自分の内部にもつ生物時計へと移し変えるように進化した。

意識しないにしても、われわれすべては宇宙の法則性の中にどっぷりと浸かっている。日周（概日）リズム研究のエキスパートである、ハーバード大学のＪ・ウッディー・ヘイスティングの研究によると、発光性プロトクチストのゴニオラックスは毎晩、時計仕掛けのように暗闇で発光する。日没や日の出といった、はっきりした外界の合図から隔絶された実験室に閉じこめておいても、ゴニオラックスは光ることを忘れない。音楽の天才が遊び心でする悪だくみのように、四〇余億年に及ぶその進化を通じて、生き物は外の宇宙からの時計のようなリズムを、次第に独立性を増す自らのタイマーへとつくり変えようとした。この深く時を刻む遺伝的目覚まし時計が、思春期の変化も、衝動のはけ口も、母性本能ももたらし、そして更年期の変化のひき金ともなる。日没と夜のとばりの優しさが、性の周期性をもつ者たちを音楽と踊りとお祭り騒ぎへと誘い、それらが、非常に多くの人類社会で男女の性的交わりの前奏曲の役を果たしている。生き物が宇宙という環境の周期性を、多様性を増しつつ内部へとり込んだという概念は、性愛の周期性にも当てはまる。性愛は宇宙の原始的音楽が形を変えたものなのである。

音楽的感受性をもつことは、生命と性を理解するうえで、エネルギーがいかに重要であるかを改めて思い知らされる。カオス理論、フラクタル、ブール・ネットワーク、その他の数学やコンピュータを基礎とした複雑系のシミュレーションの普及度には及びもつかないが、エネルギー流動の科学（熱力学）も複雑性の出現に関して、現在発展途上にある理論的展望と魅惑的例証をわれわれに提供する。しかも、熱力学*の研究対象である複雑な構造は、コンピュータの画面に現れるプログラムされたパターンではなく、日常的現実である、自然の物理的世界に突然とび出してくる、まがいものでない三次元構造なのである。

　複雑性の科学が何よりも興味をもつのは、生命と知性の出現と進化をモデル化することなのだから、熱力学の研究対象である流れのパターンは、もっと注目されてもよさそうである。実際、コンピュータプログラムから、生命の起源のやや偏執的ともいえるイメージが生みだされ、それがサイエンスフィクションのさし絵に使われるくらいならば、熱力学的流動組織から生命が生みだされることでさえも十分可能であろう。多くの観察や実験からも、次にのべるように、エネルギーはある組織を通じて流れることにより、それを周囲よりも複雑なものへさらに組織化しうるという概念が支持されている。例えば、水またはシリコーンオイルの入った循環なべを熱すると、対流によって支えられたベナール渦とよばれる、六角形の流体構造が自然に出現する。このような形状は混乱した周囲からこつ然として生まれる。そのパターンは、無秩序な原子間の衝突から生じたとはとうてい信じられないほど美しいものである。このようなオートポイエーシス様ネットワークは、それを通じて流れ、その複雑性を助長するエネルギーの存在にもかかわらず、いや、むしろそれゆえにと言うべきかもしれないが、自らの独自性を維持している。このような現象の存在自体、科学的にもっとくわしく調べてみる価値がある。熱力学的組織体、すなわち時を超えて自らの複雑性を維持しつつ、化学物質とエネルギーを循環させる三次元組織体は生物だけではない。より大きな枠組みの中でみれば、生物は、複雑な循環性を生みだすエネルギーと物質の流動組織体の例のほんの一つにすぎない。しかし、われわれ自身がその一員であることを考えれば、自らを通じて流れるエネルギーに部分的に依存しつつ自己組織化を行い、複雑性を増す組織体として、生物がもっとも興味深い。

繊細な流れ

エネルギーの転換が科学的に本格的に認識されたのは――ギリシアの哲学者ヘラクレイトスの「万物は流転する」などの、わずかの先駆的一般論を別とすれば――一九世紀に熱力学が発達してからである。しかし、熱流についての近代的研究につながる細い流れが、歴史上いくつかみられることは注目に値する。一六世紀には、ガリレオが原始的だが、初めて温度計として知られるものを発明し、一七世紀には、イギリスの化学者ロバート・ボイル（一六二七～一六九一）が初めて気体を集め、実験を行った。彼は、空気は圧縮することが可能であり、実際は粒子とそれらのとり巻く空間からなることを示した。ボイルは一六六一年の著書『懐疑的な化学者』によって、錬金術を化学へと転換させ、気体の体積は圧力と温度の双方に反比例する（ボイルの法則）を示した。ボイルは、気体の粒子は個別には研究できないことを知っていた。それでも、気体の挙動は統計的なとり扱いをすることによって予測が可能である。ボイルは、気体というものを個々の粒子としてではなく、粒子の集合としてとらえることによって、ニュートン力学の厳密な決定論の一角に、概念として風穴を空けたのである。

フランスの物理学者ニコラス・レオナール・サディ・カルノー（一七九六～一八三二）は蒸気機関の改良を試みていて、最大の効率を得るには装置の中の温度差が重要であることに気づいた。熱と仕事の関係を定量化した最初の人物として、彼は近代熱力学の創始者と考えられている。エネルギーは保存されるが、すべての熱を仕事に変えることはできないという彼の発見は、今でも、現在われわれが熱力学の第一および第二法則として知っていることをもっとも明確にのべた記述の一つである。

熱力学の第一法則は量を扱う――閉鎖系[*]におけるエネルギーの全量は、どんな形に変わろうとも不変である。熱力学第二法則は質を扱う――閉鎖系における高品位のエネルギーは、摩擦によって熱の形で失われることを避けがたい。エネルギーの質の低下は不可避であるというカルノーの認識は、科学の世界から初めて、宇宙は時に関して非対称であるという概念に対して人間的解釈を与えたものである。生命過程を含め、複雑過程には傾向と方向性がある。次にのべるように、人類の性愛もそうだが、複雑さへ向かう進化の傾向には何百万年という歴史があり、その傾向はおそらく、熱力学を基礎とした時間のもつ非対称性によって助長されているのであろう。

すでにそれは誤りであることが証明されてはいるが、カルノーは、熱は目に見えない液体であると信じていた。高温から低温への熱の「下降」作用が――ちょうど、滝が水車を回転させるように――エネルギーの源であると、彼は信じていた。この時代の多くの化学者がそうであったように、カルノーの熱に関する概念もフランスの化学者アントワーヌ・ローレン・ラヴォアジェ（一七四三～一七九四）からの借用である。ラヴォアジェは、空気はおもに二つの異なる気体――可燃性の酸素と不燃性の窒素――からなることを示し、その注意深い測定技術によって近代化学の基礎を築いた人である。一八世紀のスコットランドの科学者ジェームズ・ブラックも、熱を目に見えない液体（「カロール」）として扱った。熱を液体とみる彼の考えは、熱は原子運動の結果生ずるという近代的見解にとって替わられたが、彼の造語であるカロリー、すなわち一ポンドの水の温度を華氏一度上げるのに必要な量を意味する術語は今でも使われている。

熱を物質の流れとする、古い、決定論的見解から、熱を確率過程としての原子間の相互作用の結果であるとする近代的見解（統計力学とよばれる）への転換を象徴するのは、一つの有名な仮想実験である。一八七一年に、スコットランドの物理学者ジェームズ・クラーク・マックスウェルは、ある小さな悪魔の存在を仮定した。この悪魔は、同じ温度の二つの小部屋の間にある扉を守り、一方の部屋から他方の部屋へ速く運動する粒子だけを移動させた。すると、他方の部屋の温度が上がった。つまり、熱は暖かい物体から冷たい物体へだけ流れることのできる物質であるという、かつての見通しは正しくなかったのである。蓋然性は非常に低いとはいえ、状況によっては、熱い物体の近くにある冷たい物体がさらに冷たくなることさえないとは言えないのである。量子力学を待つまでもなく、このように熱力学は必然性を蓋然性に置き換えることによって、ニュートン主義的決定論の体系を粉砕した。

同じ一九世紀に、ジョセフ・ルイス・ゲイ＝リュサック（一七七八〜一八五〇）は、気体の圧力は温度が摂氏一度上がる（または下がる）ごとにもとの値の二七三分の一ずつ上がる（または下がる）ことを示した。したがって、理論的には摂氏二七三度——すなわちケルビン温度〇度、つまり「絶対零度」——においては、気体の体積は圧縮されて〇になるので、あらゆる分子運動が停止すると予測される。しかし、後に熱力学第三法則の一部と考えられるようになった、この外挿による予測は、このような低温に到達するのに技術的に避けがたい困難さがあるために、実験的には未だに確かめられていない。

古典的な、つまり平衡系の熱力学——初期の熱流の観察から、確率を基礎とした原子の統計力学まで——は、エネルギーの流れに対する閉鎖系を研究対象とした。そのような閉鎖系におけるエネルギーの熱および摩擦への一方的変換の尺度として、ドイツの物理学者ルドルフ・クラウシウス（一八二二～一八八八）は「エントロピー」*という術語を導入した。もう少し後になると、オーストリアの物理学者ルートヴィッヒ・ボルツマン（一八四四～一九〇六）は、スコットランドの物理学者ジェームズ・クラーク・マックスウェルの統計力学に一部数学的基礎を置き、二つの容器における気体粒子の分布を精密に調べることにより、秩序状態（すなわち、限られた状態数の粒子の混合状態）よりも無秩序状態（すなわち、多様な状態の粒子の混合状態）の方がはるかに多いことを示した。言い換えれば、粒子に偏った分布をとらせるよりも、一様に分布させる方がずっと簡単であるということだった。確率は無秩序、混合、そして散逸の側の味方であった。有名な熱力学第二法則、すなわち自然界のグリム・リーパー（死の世界の支配者）は、すべての閉鎖系において無秩序（エントロピー）は必ず増大すると宣言している。粒子のとりやすい状態は、エネルギーの集中のない、ほとんど役に立たない状態である。例えば、熱というのは、それを生みだす太陽に比べて役に立たない。

この古典的熱力学の見解に対してさえ批判する人々はいる。物理学に造詣の深い、オーストラリアの哲学者ヒュー・プライスは、熱力学につきものの時間を非対称とみる考え方は、古典的ニュートン力学と相容れないから捨てるべきだと主張している。未来の状態が無秩序になる確率は——時間を対称とみる古典物理学的見解からは——過去が無秩序であった確率と釣り合っていると、プライスは指摘する。近代的宇宙論の普及版の一つ（「宇宙膨張モデル」）によれば、ビッグバンの直後には物質はきわめてなめらかに（すなわち、秩序整然と）分布された。しかし、重力がどのように物質に作用したか（例えば、ブラックホールとして知られる星の崩壊点において）についての理論によれば、もっとも蓋然性の高い初期宇宙の状態は、それよりずっと「でこぼこした」（つまり、無秩序な）状態だったということになりそうである。もし、背景放射のマイクロ波が示唆するように、初期宇宙における物質の分布がなめらかだったとすれば、何がそれほどの高い秩序性を示すよう宇宙にしむけたのであろう。もしプライスが正しく、物理学の法則が時間に関して対称性をもつのならば、われわれがどの方向へ動くかはともかく、宇宙は今よりももっと確率に委ねられた、より無秩序な状態にあるはずである。

いずれにしても、われわれは生まれ、有性生殖を行い、死ぬのであり、その逆ではないであろう。時間の方向性を考えなければ、不可能ではないにしても、日常生活はもとより、進化に思いをめぐらすことも難しい。この議論に非常に古い歴史があることは、次の二人の考えの違いからもうかがえる。ソクラテス以前のギリシアの哲学者ヘラクレイトス（紀元前約五四〇～四七五）は、万物は流転するという考えをもっていた。一方、パルメニデス（紀元前約五一五～四五〇）は、本質と理性は実在するが、何かになるという行為はわれわれの感覚で感じるものであり、実在はしないと信じていた。また、パルメニデスの弟子の一人であるゼノンのパラドックスによれば、運動は実在しないものであることを演繹法で証明できる。パルメニデスと対話を行ったプラトンも、究極の実在は永遠だが、変化はわれわれがこの世で感じるものであり、時代を超えて存在する観念の世界の不完全な投影像であるという考えをもっていた。しかし、時間の非対称性についてのこれらの批判は、現実の生物の世界に当てはまるとは思えない。そこで、もっとも包括的な理論的背景をなすのは、非平衡系の熱力学だからである。

古典熱力学と非平衡熱力学の間には、おもな違いが二つある。第一は、古典熱力学が複雑さの減少しつつある組織体——働く能力を失った機械——を研究するのに対し、非平衡熱力学は、生物体を含め、複雑さを増大し、働く能力を獲得しつつある対象を研究する点である。第二の違いは、基本的には第一の違いと関連しているが、古典熱力学は閉鎖された、孤立系*を研究し、非平衡熱力学は開放系*に焦点を当てていることである。閉鎖系は物質の流入に扉を閉ざしている。対照的に、物質は開放系を通じて流れる。主要な例として生物体を挙げれば、物質は食物、水分、空気としてこの系に入り、次に変形を受け、残留物が排泄される。ジョージア大学の生態学者ユージン・オダムの言葉を借りれば、開放系（生物のことを指している）では、「物質は循環し、エネルギーは散逸する」[5]。

隕石の襲来を別とすれば、地球上の生物がつくるシステム（生物圏）は一つの閉鎖系である。宇宙線と太陽放射光はこの系に入ってくるが、一般に物質は入ってこない。これと対照的に、個々の生物は、彼らを通じて流れるエネルギーと物質の双方に対して開かれている。生きていることのもっとも基本的部分——食事、呼吸、排泄、セックス——が、熱力学的開放系であるというわれわれの立場をまさに証明している。もっとも根元的な快楽——例えば、男女の性行為、くしゃみ、飲食、排便、排尿、日光浴、発汗だけでなく、耳に入る音としての音楽や、あるいは瞳という黒い孔からおどり込み、網膜の裏に画像としての印象をもたらす視覚のような美的たのしみでさえも——には、何らかの孔と流れが関与する傾向があることは、おそらく偶然の一致ではないであろう。

自己が自己であるゆえんは、情報としてそれが閉じているからである——われわれは自分たちを他とは不連続な実体と考え、個別のものとみなす。われわれはその相対的独立性と他者との違いの証明として、自分たちに名前をつけ、その名前を個別の番号や称号（博士、大臣、弁護士、教授等々）で飾りたてる。このような閉鎖性は、個人主義というアメリカ精神によって一層助長される。しかし、このような気風は、われわれが開放系であり、存在自体がわれわれを通じて流れるエネルギーと物質の流れに依存しているという、生物学上の基本的現実へのわれわれの認識を妨げかねない。しかも、性的活動においては、われわれは熱力学的開放系であるばかりでなく、情報理論的にも開放系である――われわれ（すべての生物という意味ではないが）の存在は、一方の親を源とするＤＮＡと他方の親を源とするＤＮＡを組合わせることに依存しているからである。つまり、われわれはエネルギーや物質の上で開放系であるばかりでなく、情報の上からも開放系なのである。進化的に存続する目的をもって、われわれは新しい遺伝子に対して開かれているのである。

開かれているか、閉じているかだけでない閉鎖系の定義が熱力学には存在する。閉鎖系は物質の流入や流出だけでなく、エネルギーの系からの漏出やそれへの進入に対しても閉じている。古典熱力学が主要な基礎を置いたのは、仕事を行うためのエネルギー源をもたない系だが、これらいわゆる断熱系はやがては停止する運命にある。閉鎖系は「死に絶える」という傾向を外挿して考えた結果、宇宙の熱死という概念――全宇宙では、すべての星が焼き尽くされ、生命のない、うんざりするほど一様な温度の宇宙的荒野になるまで、反応が続くという考えが生まれた。しかし、宇宙物理学者フリーマン・ダイソンが指摘したように、この結論は宇宙論としては性急にすぎる。一五〇億年の宇宙の進化にもかかわらず、星それ自体は平衡系とはほど遠いからである。宇宙それ自体を大きな開放系の一部であると呼んでもよいかもしれない。宇宙におけるわれわれの運命を外挿法で考えるのに必要な証拠はまだ不完全なのである。

非平衡熱力学は最初の複雑系の科学であった。非平衡熱力学における鍵となった人物は、ロシア系ベルギー人の化学者イリヤ・プリゴジンである。彼は、熱対流容器、化学時計とよばれる寿命の長い化学反応、およびその他、彼が「散逸系」と分類した、自発的に複雑化する非生命系の挙動を数学的に叙述した功績に対してノーベル賞を授けられた。プリゴジンが指摘するように、これらの系は一種の記憶をもっている。これらの系が成熟してどのような形態になるかは、強く初期条件に依存している。この点で、これらは生物というエネルギー散逸系に似ている。しかし、プリゴジンの散逸系の「寿命」は何時間という単位であり、細菌細胞や性をもってはしゃぎ回るプロトクチストや動物の肉体に比べれば、まばたきするほどの間でしかない――これらの生物はすべて、地球上で三五億年間維持されてきた生命という、単一の循環性散逸系、つまり生物圏の一部にすぎないのだから。

生物のような開放系におけるエントロピーを測定するのは難しいことで知られている。とはいえ、プリゴジンの散逸系の背景には、時間には一定の方向性があるように思える。停止へ向かう散逸、消耗、そして衰退――第二法則によって定式化された非対称的方向――は宇宙の運命であるのかもしれない。しかし、逆説的に言えば、そこに到る過程において、この方向性は複雑さの減少ではなく、むしろそれを増大する組織体を生むことが可能なのである。事実、エネルギーの流れがある時と場所では、ときとして驚くほどの秩序性をもった組織が自発的に出現することがある。そのくせ、そのような組織体は究極的には無秩序をもたらすように機能するのだから、結局は第二法則に従っている。本を書くよりは燃やす方が、部屋をつくるよりは壊す方が、ジグソーパズルを組立てるよりは、ばらばらにする方が、はるかに簡単であることを考えれば、整然たる秩序性がいかにして無秩序をもたらすかがわかる。平均的動物がどれほどの混乱とゴミと汚染を、どれほどの食物と排泄物を平均的動物――工業文明は言うまでもないが――が後に残すかを考えてみれば、このことは明らかである。プリゴジンが強調するように、局所的秩序は必然的にその外側に無秩序をもたらす。第二法則のらち外にある過程は存在せず、生物といえども、その例外ではない。

ジョージ・メイソン大学における意識の歴史新プログラムの総括者である熱力学者ハロルド・モロウィッツは第二法則を次のように説明している――

エネルギーが、動的な形として分子間にランダムに分布する傾向をもつということが、有名な熱力学第二法則の基礎である。熱力学者の数とほとんど同じぐらい、第二法則ののべ方もさまざまである。しかし、それらのすべてに共通するのは、閉鎖系においてエントロピーは増大するという考えである。つまり、熱はより熱い物体からより冷たい物体へ流れ、分子は高濃度から低濃度へ向かって拡散する。平衡へ移行しつつある系は、その系が維持されている条件と矛盾しない範囲でもっとも秩序性の低い分子状態をとる。平衡に達すると、あらゆるものが均一になり、もはやめざましいことは何も起こらない。[6]

第二法則は無秩序性の増大を強調するので、生き物の複雑さの進化と矛盾するように思えるが、実際には生物のあり方のより基本的説明になっている。生物をとり巻く周囲が無秩序――熱とエントロピー――に向かう傾向は、生物自体がもつその傾向よりも大きくないにしても、同等であり、生物の複雑性はそのような周囲と釣り合いながら存在している。生き物を不滅にするプロセスの中で、ますます身近な存在となりつつある性と、第二法則が否応なくつきつける無秩序性の増大の関係には二面性がある。性は一方では、人類その他の身近な動物を含め、多くの生物が生殖を行うのに避けて通れないものという一面をもつ。自己に似た生き物をつくることによって、生き物のコピーという秩序性を生産しながら、有性生殖はじつは、無秩序をもたらしている。なぜならば、自然界に生物をつくるという複雑な組織化を行うためには、その必然的見返りとして、それ以上の無秩序性を外へ吐き出さなければならないからである。他方、無秩序へ突進しつつある宇宙においては、自己に類似した生き物の生産を完璧に行うことはできない。動物の生殖という枠組みの中の性は、あらゆる複写の過程は完璧ではないという自然の傾向を示す一つの例である。したがって、性は完全無欠な生物を一方では守り、他方では乱している。とはいえ、二つの作用はともに熱力学第二法則にかなっている。この法則は無生物と生物を支配するだけでなく、なぜ生物が存在し、なぜ現在あるようなふるまいをするのかを説明するときの助けとなる原理を含んでいる。[7]

シュレディンガーのパラドックス

熱力学第二法則が、宇宙は無秩序へ向かうということを説くのであれば、なぜ生物進化――秩序へ向かうという一般的傾向が、これと同様に顕著である――は、これにそむくようにみえるのだろうか。一九四三年にケンブリッジ大学での講義で、オーストリアの科学者エルウィン・シュレディンガーによって提起された、このパラドックスは物理学的問題としての生物学への関心を呼びさました。遺伝には何らかの情報分子が関与しているに違いないという、シュレディンガーの推論から、多くのものが生みだされた。彼は、生命は非周期性の結晶のように作用すると推論した。[8] 彼の書物に触発されて、科学者たちは遺伝の物質的基礎を求めるようになった。シュレディンガーの本が出て一〇年後に、ジェームズ・D・ワトソンとフランシス・クリックは、DNA二本鎖のらせん構造の発見を発表した。別の人々はDNAが自己複製を行えることを発見し、RNA*やタンパク質*との組合わせで、この分子がどのようにして細胞の維持、成長、増殖を支配しているかを示した。しかし、これらと同じぐらい重要な、生物は熱力学的衰退に対してどのように抵抗して生き抜くのかという、おそらく生物学と物理学の架け橋となる問題には解答が得られないままであった。生物は何らかの方法で、秩序性の流れ、すなわちシュレディンガーが「ネガエントロピー（負のエントロピー）」という奇抜な名前をつけた流れを、自らに集中させているに違いない、というのがシュレディンガーの推論であった。

　古典的なニュートン力学には、時間が優先的に流れる方向はない。たがいにぶつかって離れるときのビリヤードの球の動きを表す方程式は、映写機を逆回ししたとき後戻りする球と同じ扱いをする。[9] しかし、現実の生活上の経験では、時間は一方向――過去から未来へ――に向かってしか流れない。時とともに車の価値は下がり、人々は年をとり、甘く、香ぐわしい春がくる度に花は咲き、そして枯れる――現実世界では時は方向性をもっている。コーヒーに落としたクリームは小滴となって散り、混ざり合って薄茶色の混合物になる。コーヒーは冷たくなる――それが自発的に温まることも、分離して黒いコーヒーと白いクリームの成分に戻ることも決してない。マッチに火を点けると、煙が舞い上がり、イオウが部屋中に拡がる。煙が不思議なことにマッチの頭に集まっていったり、こぼれたミルクが水差しへ戻ったり、壊れたシャンパングラスが空中で自然に再び組み立てられて、女主人の伸ばした掌の中へ重力に逆らって戻って行ったりするのをわれわれが目にするのは、映写機を逆回ししたときだけである。しかし、まさにこのようにありそうもないことが、生物においては、時間とともに進む秩序の流れとして起こっていることにシュレディンガーは気づき、その説明を仲間の科学者たちに求めた。

シュレディンガーは、最初彼が問題を提起したのと同じ方法で解答も得られることを示唆した。生物はDNAを鋳型、つまり青写真として使って、細胞内の炭素、水素、リン、およびイオウに富む物質を組立てることによって、細胞と、体と、脳をつくり上げる。水溶性物質は、秩序性が高いとは言いがたい環境から、DNAに支配された、高度の秩序性をもつ自己という領域に向かって移動する。しかし、シュレディンガーが強調するように、生物も物理学と化学の法則のらち外にはないのだから、この秩序性を維持するために対価を支払っているに違いない。生物も第二法則に背くことはできないからである。生物の秩序性を維持しているのは太陽である。

あなたの好きな鉢植えの観葉植物が、太陽へ向かう一筋の光の流れとなって消えたと想像してみよう。このような想像——わが家の植物が時間を逆行すると考える——ができるということは、生物が閉鎖系でないことを示している。生物は環境という枠組みの中に配置された開放系なのである。全体の総和としても、今日の生物は他の宇宙空間からほとんど何も得てはいないが、太陽から絶えず流れ出るエネルギーに対しては開かれている必要がある。生物の基本的営みは、太陽のエントロピーの低い、長波長の可視光線の光子および紫外線をとらえ、それらをより波長の短い赤外線として再放射する。言い換えれば、生物は光を生命物質と熱へ変換するのである。太陽から来る光子のもつ質の高いエネルギーをとらえ、利用し、ある程度はそれを循環させながら、生物は生活し、成長し、宇宙への廃棄物としてエントロピーと熱を生成している。生物はこれらの光子を循環系から奪いとり、しばらくの間私物化するのだが、やがてそれらを外の空間へ熱として返す。生物が閉鎖系だとすれば、このようなことは奇跡であろう。しかし、開放系なのだから奇跡ではない。低エントロピーの太陽放射光という投資があるから、複雑さが増す方向に進化は起こる。眠りこけるトラのみる夢がカモシカを食べることだとすれば、カモシカの肉のもとはカモシカの食べた草なのだから、この夢に投資したのもやはり高度の秩序性をもつ太陽のエネルギーなのである。物理学の法則に反して働く独立永久機関などとはまったく違い、生物の示す秩序は太陽からのエネルギーの借用、もしくは消費によって維持されている。

宇宙における万物の体系からすれば、進化的時間の経過にともなって地球上の生物が複雑化するのはごく当たり前のことである。生物だけがエントロピーを生成する組織体なのではなく、そのようなものはたくさんあるが、その中で生物がもっとも印象的な例なのである。エネルギーは宇宙全体の無秩序の度合を高めるものだが、エネルギー消費型の組織は、自分の中を通じて流れるエネルギーを消費することによって、自らの秩序を局所的に高めている。金を借りると利息をつけて返さなければならないのと同様に、生物のもつ秩序性も、他のすべてのエネルギー消費型組織体の秩序性も、無償ではなく、より大きな無秩序を生みだす代償として獲得されている。

一歩退いて、生物そのものだけでなく、それらをとり巻く環境をも含めた高い視点から生命というものを眺めたとき、われわれが気づくのは、生命がいかに多くのやり方で無秩序を生みだしているかということである。尿、糞便、汗、汚染物質、ゴミ、二酸化炭素の排出などは、すべて人間生活が避けがたく生みだす厄介ものの例である。開放系であるわれわれは、物質やエネルギーの老廃物を捨てなければならない。生物個体のレベルで言えば、われわれはエネルギーに乏しい気体や液体や固体を排気したり、排泄したりすることで、これを行っている。生態系のレベルでみれば、われわれは下水を排出し、都市の周囲の穴に汚物を埋めている。生物圏のレベルで考えれば、われわれは大洋という地球の共有地を汚染せざるをえないし、ロケットを打ち上げて、地球近くの宇宙の軌道へそれらの一部を残してきたりしている。例えば、人類は化石燃料を燃やすことによって、熱力学的によりつくられやすい廃棄物である二酸化炭素で地球大気を汚染している。生命は本来、適応的であり、進化する系——老廃物を生体物質として再利用する方法をみつけるほどに巧妙で、有能な系——ではあるが、局所的秩序を高めれば全体としては無駄を生みだすという熱力学的拘束からは免れることはできていない。例えば、樹木は限られた量であれば、二酸化炭素を再利用することができる。しかし、工業の近代化があまりにも多量の二酸化炭素——隣の惑星である生命のいない火星や金星の大気には、桁外れにもっとも多く含まれている気体——を生成してきた事実は、第二法則という掟の存在する証拠として、われわれの目を覚まさせる。

生半可な知識は危なっかしいことがある。一九六〇年代、七〇年代には、第二法則に含まれている無秩序へ向かう傾向ということを表面的にだけ理解し、文明の衰退は必然であると黙示録的な発言を行う作家が何人かいた。しかし、第二法則がのべているのは、閉鎖系ではエントロピーが増大するということだけであり、地球は閉鎖系ではないのである。海岸の好きな人が春愁を感じるように、季節の変わり目の憂鬱症に悩まされる人なら誰でも知っているように、生命は太陽にも、季節の移り変わりという環境にも開かれていることは間違いない。生物の複雑さ——その一部は性に依存しているのだが、その部分を含めて——は、太陽が存在し、動力を提供する限りは増大することが可能である。

生命が第二法則に従うことを示す、もっとも明確な科学的証拠は、おそらく温度であろう。人工衛星からの観測で示されるのは、生命に富む地球表面の環境がもっとも得意とすることは冷却——つまり、第二法則で言えばエントロピーとしての熱を生成して、自らを覆うことである。事実、高度に統合された何百万種という有性生物種からなる、アマゾン熱帯雨林のような成熟度と生物多様性の高い生態系は、何といっても最良のクーラーなのである。根を通じて汲み上げた水分を葉の表面から蒸発させる、蒸散作用*というプロセスのおかげで、熱帯雨林は効率の高い自然のエアコンであり、その局所的な複雑さは補償的に空間に発散される熱の量を超えている。おもしろいことに、樹木の葉の気孔とよばれる開口部から出される、イソプレノイドという揮発性物質は降水を促進する。これらのイソプレノイドは雨滴が凝縮するときの核になる。つまり、熱帯雨林と雨は、局所的にはクーラーとして作用し、グローバルにはエントロピー生産装置として働く一つのシステムなのである。現実には、このシステムは樹冠の上の天候という「無生物」現象をも支配している。したがって、物理学的観点に立てば、生物はある開放的熱力学系の一部なのであり、その系の及ぼす影響は、皮膚、樹皮、殻などで外科的に閉じられた中身をみるだけでは理解することができない。生命も性も、エネルギー世界という文脈の中でのみ理解が可能である。

それだけでなく、地球表面は生命の進化がなかったならば、もっと熱かったであろうことが、化石の証拠から示されている。水の融点と沸点の間の温度範囲に居住する生命が、この地球上に三〇億年以上にわたって途切れることなく存在したという記録は、地球表面の温度が相対的に穏和であったことを示している。しかし、星の進化のモデルによれば、太陽の温度は着実に上昇を続けている。大部分の指標が示しているのは、地球は生命をもつことで自らの熱を冷ましているのであり、もし生命を欠いていたならば、地球表面はもっと熱かったか、あるいは局所的温度がまだグローバルに熱やエントロピーを発散するには到っていなかったろうということである。内側を冷やしながら、台所へは熱を発散する冷蔵庫とちょうど同じように、生命は冷却能力をもちながら、あるいはむしろそれゆえに、周囲には熱を放散している。地球は自らを冷却する方法をいくつももっており、それらの方法については科学の世界で国際的に、活発に研究がなされている。生命が輝きを増しつつある太陽に対抗する手段を使い果たすと、森林の蒸散作用と熱を捕捉する「温室ガス」の埋葬作用によって地球を冷却できる期間は、自ずから限られたものとなりそうである。太陽が膨張の結果、何時か赤い怪物になったときには、地球にある大洋の海水は蒸気に変わってしまうという予想がある。しかし、今から五〇億年ほど後に太陽がそうなるまでに、生命は生息圏を太陽以外の恒星の惑星へと拡大し、新たな太陽の周囲で育ち、繁殖するようになっていないと誰が言えるだろうか?
モロウィッツが言うように、第二法則を述べる方法は、ほとんど熱力学者の数と同じぐらいたくさんある。開放系の説明としては、モンタナ州リビングストンのホークウッド研究所の熱力学者、エリック・D・シュナイダーの説明がおそらくもっとも便利であろう。自然は勾配——仕事に必要な温度の差ばかりでなく、圧力や化学物質の濃度の差等々も含む、あらゆるものの違い——を解消する傾向にあるという、シュナイダーの説は、第二法則の簡潔な拡張解釈である。自然は、真空びんの中の減圧状態や暑い日の氷の冷たさを忌み嫌い、このような差違があると自発的に解消させようとする。

対流室は、容器内の冷えた上部と熱い底部の間の勾配を解消する結果として生ずる。竜巻のように、きわめて複雑な気候システムは、平衡熱力学や確率論だけからではとうてい予測できないような、特徴ある形となって現れる。竜巻や渦巻きの側面はほとんど直立している。たしかに、このようなシステムは——少なくも静止状態でないときには——重力的平衡からは外れている。しかし、竜巻は大気の圧力(気圧)に大きな差があるときにのみ発生すると予測される。実際、大気圧に勾配があり、それを猛烈な勢いで除去しようとするときに竜巻は生まれるのである。竜巻が自らの存在の前提であった圧力差をとり去ってしまったときに、嵐は終息する。

創造力に富む建築家の助けなど借りなくても、自然はそれ自身で複雑なシステムを組み立てて圧力や温度の勾配を解消することができる。現実には、複雑な三次元構造は入念に設計されたものではない。有能なコンピュータ・プログラマーのアルゴリズムから生み出された副産物のようなものである。現実には、複雑な三次元構造は自発的に出現する——絶え間ないエネルギーの流れが、自然界のさまざまな勾配を減らそうとして近道を通ることで生ずる当然の結果である。

生命が存在する秘密はここにある。生命は複雑な遺伝の機構や魅惑的な歴史をもつだけでなく、太陽がもたらした勾配を打破するという、熱力学上の一つの手段としても存在している。ただし、嵐のシステムが大気中の圧力差を二、三時間のうちに解消するのに対して、生物は太陽のつくった勾配をおよそ四〇億年かけて解消しつつある。もちろん、生物が壊しつつある勾配は、夏の夕立のそれよりはるかに大きい。ハリケーンが回転して気圧の勾配を解消し、バスタブの渦巻きが水を回転して重力の勾配を解消するのとちょうど同じように、生命は炭素を化学的に再循環させて太陽のつくった勾配を低下させている。ここで言う勾配、つまり違いとは、熱い、核をなす太陽と冷たい、冷めた宇宙空間の間にある温度の違いのことである。

生物は自然界に生ずるこの差違を食いつぶし、その崩壊を加速させている。事実、時間の非対称性——過去のみかけ上の閉鎖性と対比したときの、未来のみかけ上の開放性——それ自体も、生命が熱力学的勾配に依存していることから派生したとさえ考えられてきた。どうしてこのような錯覚が生ずるのかは、正確にはわかりそうにない。しかし、アインシュタインの相対性理論によれば、真の時間は四次元的存在である。つまり、時は対称性をもつものであり、それはどちらに進むかという優先的方向性をもっていない。ともかくも、われわれをとり巻く熱力学的状況——何かの勾配の一端であり、物質循環系である生物圏、つまり太陽光を貯めてはゆっくりと暴れる嵐——が、生命の抱く最大の錯覚——時間の非対称性——の原因であるのかもしれない。

同時に言えば、われわれの性の進化もこの文脈の中でとらえられる物語である。すなわち、それは性器を嗅ぎ合うような哺乳類、あるいはそもそも動物というものの出現のずっと以前に始まる物語に過ぎない。ここで語ろうとしているのは、ビッグバンに始まり、われわれ性をもつ子孫たちの小爆発で終わる、まさにその物語なのである。局所的にみれば、さまざまな動きはあるが、細胞も、個体も、そして全体としての生物圏も、すべては太陽のもたらした勾配を打破する方向へ向かっている。竜巻の出現の目的が圧力の勾配を解消することにあるように、生命の存在の目的も一皮むいてみれば、これであるようにわれわれの目にはうつる。

西欧社会の長年に及んだ宗教的思索の伝統は、逆に科学における目的を固定した（目的論的）考え方に対する反発へとつながった。かつては、生物は神聖な目的を達成するために神が造ったものであるととらえられていた。ところが、近代的な進化生物学が勝利を収め、偶然と適応による思いがけないできごとを強調するようになると、目的論的発言はすべて宗教への復古趣味ではないかと強く疑われるようになった。しかし、生物はもっとも基本的な、物理学的な方法によって目的を振りかざしつつ生きているのである。もちろん、これは神聖な目的ではないし、どのような点においてもユダヤ‐キリスト教主義とは関連をもっていない。生物は一つの方向性、つまりその自給自足的性質にとって本質的に必要な時間内にゴールに達するという方向性を演出しているのである。

オートポイエーシスの目的、つまりもっとも単純な細胞性の生命形態にも認められる自己保存は、利用可能なエネルギーを使って食物を体内へとり入れることである。最初に進化した生命形態は、太陽光線の作用で生みだされた糖などの化合物を代謝する発酵性の細菌だったろうと考えられている。発酵性細菌が光合成細菌へ進化し、太陽のもたらす勾配を自らの物質循環活性へ直結できるようになって、天体からのエネルギーをそしゃくし、変換する生物の能力は格段に拡がった。今日では、この地球表面で行われている、あらゆる成長と増殖――われわれが生命と呼ぶ不思議な色模様――の基礎にあるのは第二法則であり、利用できるいかなる手段を使ってでも物理学的差違を減少させようとする第二法則そのものである。圧力差があればいつも竜巻ができるわけではないのとちょうど同じで、温度差があればいつも生命が生まれるわけではない。しかし、もっとも基礎的な自然現象としてみたとき、両者の目的はともに差違を減少させることなのである。

欲望の性質

この種の議論は、結局この物理的世界において性の占める場を考えることにつながっていく。この章の締めくくりとして、自然はこれまでも、現在もある目的をもつのだというわれわれの考えをまずのべておきたい。およそ四〇億年前に、進化によって最初の生命が形づくられる以前から——自然はある種の願望ないし欲望をもっていた。おそらくは無意識のうちに、自然は、あらゆる第二法則の現れ方からもわかるとおり、自らを終わらせたいと願っている。これまでみてきたように、生物が生殖するということは、一方では秩序をつくりだしているが、他方では混乱をもたらし、熱と局所的なエントロピーとして無秩序の度合いを高めている。ところで、われわれの問題としてみれば、長い年月にわたってヒトが生殖を行えたのは、性別*を基礎とした交配、すなわち競争に勝った精子が待機していた卵子と一緒になり、その受精卵が細胞分裂によって増殖して親の動物になるというしくみがあったからに他ならない。生物は独特の性質をもった勾配破壊者であり、細胞のもつＤＮＡが情報をにないながら、反復性の化学反応を行うことで限りなく自らを継続させることが可能である。

われわれは、自らの進化に思いをめぐらす実体であるのとまさに同様に、有性生殖生物として、創造し、破壊するという自らの性癖に気づいた宇宙を、おそらく代弁している存在なのであろう。世代の鏡に写った子孫はわれわれに似てはいても、同一ではなく、われわれの形を不完全にくり返したものにすぎない。しかし、それでも個々のわれわれのアイデンティティは「私」であり、性とは、われわれが「私」と認識する、炭素の化学的循環の始まりと終わりのことである。性の誘惑や喜びを経験するとき、生命そのものよりももっと根源的で、熱力学第二法則が必然的に意味している宇宙の崩壊をわれわれは行っている。われわれは太陽が自らを消耗するのを助け、エネルギーが低下し、熱として宇宙空間へ散逸するのを助長しているが、それは寝室でのセックスで汗だくになることによってだけではなく、宇宙がその能力の限りを使って、われわれと同じ形を再現できるようなチャンスをもとうとしていることにもよっている。エロチックな行為は元来生殖と結びついたものだから、意識しようとしまいと、それは自然の目的にかなっている。なぜならば、自然が無意識にもっている「目標」は、平衡状態、つまり勾配が崩れたときの特徴である、最大限ないしそれに近い無秩序状態に達することだからである。しかも、自然はもっとも蓋然性の高い、無秩序な最終状態に到達するために、竜巻やベナール渦や、生物の形成に示されているように、自発的には現れないような美しいパターンを形成し、物質を循環し、リズミカルな踊りを行う構造を当然のものとして形成する。言い換えれば、われわれ人間の意図や願望、ちょっとしたことへのかりそめの願望から、生涯最大の恋による身を焦がすような欲望までのすべては、生命誕生以前にすでにして第二法則に暗黙のうちに含まれていた非生命的な傾向を反映しているように思われる。有性生殖者、つまり自らを拡大再生産する生物たちは生物学的目的を達成するだけでなく、物理学的目的をも達成しているのである。

宇宙は「さかり」がついている状態にあると言えるかもしれない。宇宙は古典的熱力学の研究対象としたような、本当の閉鎖系でない限りは、少なくともビッグバン以来平衡状態を脱し、今後もそのままであろう。これに対し、古典的熱力学の世界では、たとえ全面的に到達はしないにしても、宇宙は不可避的に静止状態へ近づくと考える。性を楽しむときに、われわれは自分が何か独特の、自己矛盾のある傾向をもつことに気づいている。目的に到達しようとすると同時に、到達しないようにするし、ある勾配を壊そうとする一方で、さらに楽しむためにそれを残しておこうとする。楽しもうとする欲望と、それをとっておこうとする欲望、残そうという欲望と使おうという欲望。エネルギー源は必要であるが、完全に使い切れば、それは消滅するものである限り、これは生物の抱えるジレンマの反映なのである。

生命系は平衡系どころではないし、独立でもなく、ほぼ必然的に消滅しつつある高品位のエネルギー源が十分にあるときだけ存在できる。絶対零度（0°K）近くまで冷却すると、生物は生きているとしても、「非死」状態になる。しかし、それらに食物とエネルギーを与えると甦る。凍結乾燥した細菌や胞子、嚢子などの休止状態にある生物を暖めたり、水分を与えたりすると、代謝を再開する。実際、このような低温実験から示唆されるのは、生物の活力の程度はエネルギーや物質の流れの速度とその流れを処理する能力に関連していることである。ここ、つまり生命が宇宙において勾配破壊者の立場にある事実の中に、欲望の心理学的構造と、つかの間の喜びと控えめの沈黙の間の相克の物質的基礎をかいまみることができそうである。性生活を含め、生命のもつ逆説性とは、最終目的に到達したいという欲求不満そのものが、かえってそれを先のばしさせるという点にある。

イブが初めて地獄の火花をみて以来、裸でいることがあたりまえであったとき以来、かつて何事かが造られて以来……

——ウィリアム・ブレイク

2

熱く、そして呪われて——性の始まり

遺伝子を動かす——世界最初の性

性には非常に古い歴史がある。この惑星で最初の生物である細菌が殖えるのには、性は必要ではないにもかかわらず、彼らは性にふけっている。事実、バイオテクノロジー革命が利用しているのは、たがいに遺伝子を与えたり、受けとったりするという細菌の性質である——遺伝子工学の基礎は、細菌が古くからもっている好色性にある。すべての細菌は膜で区画された核*をもたないことから、分類学的には原核生物*とよばれる。生物最古の化石と、その最古の化学的痕跡は、およそ三八億五千万年前に地球が固体の地殻を形成し、ほぼその直後の岩石中にみられる。これら、もっとも古い生物の遺物とは原核生物の化石である。原核生物の性は、動物や植物のもつ生殖に関わる性とは基本的に違ったものである。本当に遺伝子を移すのである。原核生物の性にはいつも、提供者（細菌、ウイルス、物質の溶液など）から受け手である生きた細菌への遺伝子の移動が関係している。生命の曙の時代に起こった、このような遺伝的移動が、その後生命が連綿と生き続けるための重要な手段を提供することになった。

原核生物の性の営みが始まったのは、地質年代でいえば、強烈な太陽放射光と荒々しい造形の時代であった［図版1］。地球がまだ若かった頃、生命は多くの試練にさらされた。細菌は強烈な紫外線照射にさらされたばかりでなく、宇宙空間から届く宇宙線、さまざまな粒子や隕石の直撃を受けた。当時の風景が地獄のようであったことから、地質学者は地球が生まれたばかりの、この荒々しい時代のことを黄泉の時代と呼んでいる。これに引き続く時代になると、噴火口の岩肌、泥水、ごぼごぼと音を立てる火山の水たまりなどに、細菌のような原始的な生物が拡がっていった。原核生物の進化した、この時代は始生代と呼ばれている。

細胞のもつ主要な代謝系のすべては、多くの違った環境で生きることを余儀なくされた細菌が自ら考案したものであり、植物や動物はそのごく一部だけを利用している。例えば、ある種の細菌はエネルギー源として、鉄やマンガンのような金属を使うことさえできる。細菌のこのような能力の進化は、一つには遺伝子の授受による。遺伝子の授受は世界最初の性であり、地球規模の生態系としてみれば、今でももっとも重要な性の営みである。細菌の遺伝子転移においては、一方が少数の遺伝子か、事実上すべての遺伝因子を他方へ渡すのだが、それによって生殖、つまり子孫の生産が起こることはない。有性生殖を行う植物や動物と比べて、細菌の遺伝子転移の違うところは、それが常時行われている点である。典型的な植物や動物が新しい遺伝子の大部分を受けとるのは、生活環の始まりのときに、両親の間で受精が行われるさいであり、それが子孫の植物や動物へ伝えられる。

驚いたことに、ある細菌の提供する遺伝子が非常に違う別の細菌に受けとられることがあるので――つまり、遺伝子が「種」[*]の壁を乗り越えるので――モントリオール大学の細菌学者ソリン・ソニアと同僚のモーリス・パニッセは、細菌類を複数の種に分類するのは誤りであると主張している。[1] 伝統に従って、交配で生存可能な子孫を残せる生物の集団を種と定義するとすれば、細菌はこれにあてはまらない。彼らは生殖のために交配する必要もないし、個々に閉じこめられているのでもない。彼らは確かに性をもっているが、彼らの性は自らと同じ種の生物に遺伝子を渡すことなのである。四種の枯草菌、バチルス・アンスラシス（*Bacillus anthracis*）、バチルス・セレウス（*Bacillus cereus*）、バチルス・メガテリウム（*Bacillus megaterium*）およびバチルス・ズブチリス（*Bacillus subtilis*）では、異なる株であっても、非常によく似ていることがある。交配は個体間で行われるが、集団としてみれば、それは内部でのできごとである。しかし、枯草菌の二つのタイプが八五％以上の形質を共有している場合には、細菌学者はそれらを同一の種として扱う。それが八四％であったときだけ、細菌学者は二つを別の種のメンバーであるとみなす。細菌の二つの株が八〇～九八％の形質を共有するときの形質の見分け方や種の割り振りは、多分に恣意的である。そうであるとしても、ある種の細菌、例えば抗生物質ストレプトマイシンを生産する多細胞性細菌のストレプトミセス・グリセウス（*Streptomyces griseus* ストレプトマイシン生産菌）などは、共有する形質が八五％などには遠く及ばない、非常に縁の離れた単細胞性細菌の大腸菌（*Escherichia coli*）から遺伝子を受けとる（交配する）ことができる。

細菌の「種を越えて」遺伝子をやりとりするという性のあり方が、どれほどわれわれとは縁遠いものであるかは、もし哺乳類にそのような性があったらどうなるかを想像してみると容易に理解できる。もしヒトが細菌のように遺伝子をやりとりできる能力をもっていたならば、赤毛でそばかすをもった男性が、黒髪の女性や彼女の犬と一緒に泳いだ後、翌朝目覚めたら、髪が茶色になり、両耳が垂れていたなどということもありうる。しばしばと言ってよいほど、科学的事実は、少なくともサイエンスフィクションと同じぐらいに不思議なことがある。H・G・ウェルズの『モロー博士の島』に出てくる、犬と人間の間にできたモローの子供たちのような怪物でさえ、現実に微生物の世界で、細菌たちが自由奔放な遺伝子のやりとりによって創った自然の雑種に比べれば、影が薄くなってしまう。ファウスト的な警告には矛盾するが、「種を越えて」遺伝子を混合するという「悪魔の業のような」バイオテクノロジーは、種そのものよりも古い歴史をもっている。

遺伝子工学は遺伝子を混合する術を借用はしたが、発明したわけではない。あるタイプの細菌が別の種のタンパク質を製造する能力をもつことを利用して、われわれは、ヒトのインスリンやブタのヘモグロビンなど、通常の自然界ではそれらの哺乳類にしか作れない物質を生産できるようになった。ヒトのタンパク質をコードする遺伝子を細菌から抽出した遺伝子につなぎ、細菌へ戻して発現させるのである。これは、雑種の遺伝子が雑種のタンパク質の合成を指示することを意味している。ヒトのタンパク質の部分は、特異的な働きをもつ酵素を使って後で切り出せばよい。増殖の速い細菌をうまく使えば、それらに自分のタンパク質をつくる一方で、ヒトのインスリンやヘモグロビンを大量につくらせることができる。われわれは、生物学という鏡をのぞいておびえるのはやむをえないとしても、そこに映る像をわれわれ自身の比類ない武勇の結果であると勘違いすべきではない。このように、形質転換生物*をつくることにははるかに古い歴史があり、それを人間の生みだした現象と思うのは大間違いである。

細菌には比較的締まり屋のタイプもあるが、その一方、遺伝的にすこぶる奔放なタイプもいて、それらは自らの命が危なくなるほどにDNAのやりとりを行う。事実、「利己的遺伝子」という概念を普及させた、オックスフォード大学の動物学者リチャード・ドーキンスは、細菌の中には自らが死んでしまうほど多数の遺伝子を他へ提供するものもあると聞かされて、大変当惑したそうである。しかし、ソニアとパニッセが主張するように、細菌というものは実際には個体というよりむしろ、単一の超生物体の各部分をなしているのであり、単に特殊化するだけでなく、排泄をしたり、金持ちの隣人から有用な遺伝子をとり入れて、自由奔放に増殖したりすることによっても、環境条件の変化に対応している。

　あまりにすさまじい高温、身を凍らせるような低温、栄養分や水分の欠乏等々によって死の恐怖にさらされたときに細菌が助けを求めるのは、多くの場合、初期の頃から原核生物がもち越してきた一連の遺伝子である。細菌にとって性とは、生存へ通ずる抜け道なのである。すでに進化した一連の遺伝子群――これをセム*という――を他の生物から手に入れることができれば、偶然にしか起こらない突然変異*を待たなくても進化を行える。ダーウィンは、自然選択による進化という学説を提唱したとき、変異の原因が何であるかを知らなかった。今日では、ＤＮＡを構成している塩基という化学物質の並び方が自然に変わる、つまり突然変異するのだということを、われわれは知っている。たいていの場合、これらの変化は――書物で言えば、誤記や誤植のように――有害なものである。生物にとっては、それは危険であったり、ときには致命的でさえありうる。しかし、まれには禍が転じて福となり、生物の生存の可能性を高めるような変化も起こらないわけではない。

　塩基対の変化や、余分のＤＮＡを付加する重複が、これまではつねに遺伝的変異の原因であった。今では別の原因も存在する。その一つは性である。しかし、有性生殖を行う動物や植物では、性によって獲得した新しい遺伝子は、種の一員が異性との間に子をつくるときには薄められてしまう。多様な子を生みだすために、遺伝子は混合されざるをえないからである。ところが、細菌は「本当の品種改良」を行う。言い換えれば、細菌の生殖は無性的に行われるのだから、彼らが新しい遺伝子を拾い上げ、とり込んだ場合（定義によれば、それが性である）には、生殖にさいして、これら性を通じて獲得された遺伝子は、混ぜ合わされることなしに子孫へ渡される。

細菌は自らのコピーをつくることによって増殖する。物質代謝を行い、大きさを増し、遺伝子を含め、その小さな身体の各部分のコピーをとり、やがて「二つにちぎれて」（生物学者が二分裂*と呼ぶ過程）、遺伝的に同一の細胞をもう一つ生みだす［図版2］。クローン羊と同じで、新たにできる細菌には親は一つしかいない。基本的には、新しくできる細菌は古い細菌なのである。三次元的コピーなのである。だからこそ、細菌は適切で有用な遺伝子の一群を手にする幸運に恵まれたならば、混ぜものなしにそれらの遺伝子を子孫の中で増やすことができる。環境が不利にならない限り、受けとった新しいDNAに良いものがあれば、細菌は喜んでそれのコピーをつくる。でたらめに起こる突然変異がたいていは役に立たないのとは違って、別の生物から分けて貰った一群の遺伝子は、その頃にはすでに元気に働いている。二つの間の違いは、誤植と適切な引用文の間の違いに似ている。前者がほとんど必ず文章を損なうのに対し、後者には決まった使命がある。危険性のある老廃物、あるいは毒物の代謝のしかたに関する情報や、危険な化合物からどうやって泳いで逃げるかについての情報をもった遺伝子は、命の恩人のようなものであった。現代の書物の中でシェイクスピアが引用されるように、あるいはロックンロールの歌の中に古典音楽が即興的に挿入されるように、役に立つ遺伝子群（セム）は、新しい状況におかれても増殖を行った。細菌の集団は、自分にとりついた遺伝子群のうちで役に立つものだけを、本来排他的な性質をもつ自らの中に住まわせたのである。

こうして性は救われた。したたかで、増殖も速かったが、原核生物はどれも、しばしば生存に必要な栄養源の欠乏に見舞われた。まるで、進化によって生まれたときに、初期の生命が宇宙環境から受けたストレスがまだ十分ではなかったというように、生物が速く増殖しようとすると必ず、彼らには次から次へと難題が降りかかった。代謝によって老廃物や有毒な副産物が生ずるのは、熱力学的に不可避である。速やかに新たな増殖をするということは、熱力学的勾配をうまく破壊している証拠だが、これは必然的に新しい化学物質を生みだすことになり、それらは進化しつつある生物ならばどれにとっても利用したいという誘惑にかられる物質である。突然変異と速やかな増殖によって、原核生物に降りかかった循環論的環境問題に対して、新鮮な解答がもたらされた。突然変異の蓄積だけでなく、別の進化をたどった隣人から種を越えて遺伝子を受けとるという性のしくみによって、細菌は変わることが可能になった。

速やかに変わる性の営み

細菌は、形質導入、*接合、*トランスフェクション*など数種類の遺伝子転移、つまり性の営みにふけっている〔図版3〕。細菌の行う溶菌とは、細胞が張り裂けることである――彼らの細胞壁や細胞膜がはじけて、遺伝子は放出される。裸のDNAはかなり丈夫な性質をもっていて、水中に懸濁されても、熱しても、冷やしても、さらに凍らせるなどの環境からの攻撃にさえも耐えることができる。生命の危機にさらされた細菌から大量に放出された裸のDNAは、溶液中を浮遊しているうちに、生きて、まだ危険にさらされていない細胞に到達することがあるだろう。しばしば環状の形をした細菌の遺伝子が、周囲の溶液から受け手の細菌の中へ、このような移動をするのが形質導入である。細菌の接合には、細胞と細胞の接触が関係している。細胞間に一つの橋もしくは管が形成され、それを通じてさまざまな数の遺伝子が一方の細胞（供与者）から他方（受容者）へ流れ込む〔図版3〕。

遺伝子は、ウイルスに媒介されて細菌の間を転移することもできる。この過程はトランスフェクションと呼ばれる。細菌だけを特異的に攻撃するウイルスが、細菌の外側に付着し、自分の遺伝物質を細胞の中へ注入すると、細菌の遺伝システムは調子を乱され、さかんにウイルスを生産するようになる。この細菌細胞は結局はばらばらに壊れ、自分の遺伝子と細菌の遺伝子を組み合わせてもった新しいウイルスが外界へ散乱され、今度は別の細菌へと感染してその遺伝物質を注入する。こう書くと、ひどい病気をもたらしたり、略奪が起こったりするように思える——実際、そうなのだ——が、これが性なのである。性には、二つないしそれ以上の起源の遺伝子——今の場合だと、受容者であるもとの細菌とウイルスからの二つ——をもつ新しい生物という顔が必要なのである。新しいＤＮＡをとり入れることからみて、性は明らかに病気と関係がある。病気には、何か別の生物のＤＮＡをとり込むタイプのものがあまりにも多いからである。ただ、結果はさまざまである——新しいＤＮＡがわれわれを脅かす場合に、それを病気と呼ぶ。しかし、受容者である細菌は新しいＤＮＡのお陰で、時と場所によっては、より効率よく生きられるようになることもしばしばある。

この惑星を不毛で、敵意にあふれた場所から、豊かで多様な生命に満ちた場所へ変貌させる鍵を握っていたのは、細菌のもっている性を通じて自分の遺伝子を広めるという能力であった。代謝を行うという偉大な特技をもった細菌が増え、変わるにつれて、生態学的変化が矢つぎばやに起こった。細菌は単一の超生物として動き回りながら、多くの環境において、自らのつくりだした化合物をも含めて、物質の再循環を行った。細菌は、光合成においては酸素と太陽光を、窒素代謝においてはアンモニアを使う能力を発達させた。彼らはそれ以外にも、エネルギーに富む気体（水素、硫化水素およびメタン）を含め、無数の資源や副産物をエネルギー源として独占することによって増殖し、繁栄した。これらのものをエネルギー源や食物源として使うのに必要な遺伝子を、ある細菌が貯め込んでくれていたお陰で、後になって別の細菌がその恩恵に浴することになった。細菌は性のお陰で、代謝能力を授けてくれる遺伝子に手を伸ばすことができ、それによって代謝という特技を世界中に拡げることが可能となった。

植物、動物、それに真菌類は体が大きく、ただわれわれの目に見えるというだけで細菌類よりも目立つが、遺伝子の注入などの代謝上の技巧をもつ細菌の驚くべき多様性に比べれば、それらの代謝能力はうんざりするほど単純である。植物、動物および真菌類の代謝上の能力（発酵、酸素発生性光合成および有気呼吸）は細菌から相続したものである。しかし、細菌のもつ代謝上のレパートリーは、今でもこれらの生物よりはるかに広い。黄色い単体のイオウガスや鉄のやすり屑を食べても育つことのできる彼らの能力の広さに比べれば、われわれの代謝などは猫の額のようなものである。工業技術をもヒトの代謝能力に含めて考えたときにだけ、環境変換能力という細菌からの贈り物の大きさに、われわれはやっと気づき始める。とはいっても、われわれが大いに誇るバイオテクノロジーでさえも、神の国に巣食うこそ泥以上のものではない。遺伝子転移のできる細菌に、何十億年も前に自然に生じた性というものを借用し、少し変え、狭い範囲に応用しているだけである。

細菌の性は時間との関係においても、われわれの性とは違う。細菌の性、この惑星初の性の特徴はすばやさにある。遺伝子を吐き出し、それをひっつかむことによって、今でも細菌は親そのものがもっている新しい形質そのものを直接子孫に与えることができる。親を通じて与えるのではない。ネオダーウィニズムが強調するように、突然変異、つまりＤＮＡのランダムな変化は確かに重要であった。ときには、ＤＮＡが突然変異を起こすことによって、細菌が新しい食物源を利用でき、高温に耐えられるように変わったこともあったであろう。しかし、性があったからこそ、たった一つの細菌がこの惑星の全遺伝子資源を利用できたのである。友が少しだけ協力してくれるだけで、細菌は遺伝子の交換を行い、その結果、新たな環境への対応が可能になった。性は細菌に新しい生命の綾をもたらしたのである。性的に遺伝子転移を行えるということは、離れ小島のような細菌は存在しないことを意味した。地球規模でみたときの民主主義、脳、あるいはスーパーコンピュータの生物版のように、個々の細菌はむしろ半独立的な個室となった。この地球の生態系を今も支え続けているのは、古い起源をもつ細菌の性に基づく、地球規模の環境創造系なのである。

新しい重要な代謝系をもたらすような突然変異がまれに遺伝子に起こると、それは速やかにコピーされ、多くのものに分配されるから、何時までも変わりものとして留まることはない。細菌は遺伝子を急いで増やし、気前よくそれをばらまくことによって、自分の子孫に伝えるばかりでなく、隣人にも、それらの新しい技術を分け与えた——一種の遺伝的な文化伝導である。人間が「情報のスーパーハイウェイ」である、さまざまな遠隔通信手段やコンピュータ・ネットワークをつくるはるか昔に、細菌は生化学的情報を地球一杯に拡げるための革新的手段をもっていたのである。非生殖性の性にふけりつつ、彼らは有用な遺伝子に関する情報を地球全体に向かって流していた。

性と太陽放射光

どのようにして細菌の性は進化したのであろうか？　今日の実験室での観察結果から再現ないし類推すれば、その答ははっきりしているように思える。性はDNAの修復から進化した。初期の地球にはオゾン層がなかったので、DNAが太陽放射光によって傷つけられることは避け難かった。光合成細菌などの初期の細菌性生命体は、太陽のもたらした勾配を減少させながらも、その熱と光に悩まされており、その核酸制御中枢、つまり遺伝子は七転八倒の苦しみを味わった。太陽の光線は遺伝子を引き裂き、ばらばらの断片にしてしまった。高エネルギーの放射線は細胞に突然変異を起こさせ、DNAを豊富に含む液体を吐き出させた。細菌は死ぬか、それとも絶え間なく受ける傷害に対処する方法を進化させるしかなかった。しかし、太陽光で破壊されたDNAが選んだ途は、遺伝的修復——自らのDNAを完全なものへと修理すること——であった。絶望の中では、自分自身のDNAを修理し、完全にするには、誰かの他のDNAを組み込む以外には方法がなかった。こうして性は進化した。

細菌だけでなく、核の中に染色体*をもつ、より大きな生命体にとっても、性の起源における共通の生みの親は危機であったように思える。[2] 一つのエネルギー過程である生命は、最低限は、必須物質の共通セット——水、炭素、窒素、イオウおよびリン化合物——と、絶え間ないエネルギーの流れに依存している。しかし、生命の故郷はもともと水中であり、水を包み込んで陸上の空気中へ移動したのだから、それは常に干上がってしまう危険にさらされている。したがって、少なくとも地球表面に住む圧倒的多数の生物が太陽光を必要とすることは、常に乾燥と放射線の過剰被曝と自然発火の危険さえもはらんだ、プロメテウス的な賭であったのだ。形質導入、トランスフェクション、あるいは接合のどれをとっても、細菌の性の過程は、紫外線に痛めつけられた細菌における遺伝子の修復の過程とほとんど同一である。太陽にねじ曲げられたDNAを繕うのに使われた酵素は、細菌の性にとっても鍵をにぎるものとなった。細菌の性の進化的起源になったと思われる、これらのDNA修復系は、今日まであらゆる生物によって保持されている。[3]

細菌の性が、地球の大気がまだ単体の酸素を含んでいなかった三〇億年以上前から存在したことには、ほとんど疑いの余地はない。酸素がないために、大気中には遺伝物質を紫外線から保護するオゾン層も存在しなかった。NASAの人工衛星エクスプローラー10が太陽に似た恒星から集めたデータからは、生命の初期進化の頃の光エネルギーの到達量の大きさは、そもそも細菌が生存できたとは思えないほどであることが示されている。それにもかかわらず、優しい可視光だけでなく、危険な紫外線の爆撃という抑圧に耐えて、地球には生命が誕生――あるいは、少なくとも生存したのである。紫外線で傷ついた、自分のDNAの修復に失敗した細菌はすべて滅びた。

DNA修復系から性の進化が起こったのは、おそらく一種のひらめきによるものだったろう。二本のDNA断片をたがいにつなぐ、つまり糊づけするリガーゼのような酵素は、紫外線傷害の後の緊急微細手術には不可欠だが、DNAの複製*のさいにもそれが決定的役割をもつことからみて、この酵素の進化はDNA修復系の進化に先立つものであったに違いない。増殖と細菌細胞の分裂に必要なDNAの複製は、地球上の最初の生命体にすでに存在していたことは言うまでもない。

DNAは遺伝子からなる、二本の鎖でできた分子である。この天才分子は、タンパク質からなる多くの酵素の助力をさまざまに受けて、自らを複製する。「親」のDNAは、まず自分を一本ずつの鎖にほどくことによって二本になる。次に別の酵素（DNAポリメラーゼ）の助けによって、もとの二本の鎖は、自分と相補的な、新しい二本の「子供」の鎖を伸ばすことを指令する。こうして今や、「親」の鎖はおのおのにパートナーをもつようになる。もし二本鎖の分子のどちらかが傷つくと、無傷の方の鎖に含まれる情報が機能して、他方の傷の部分を入れ替えるのに使われる。テキストファイル中でくり返すことのできるアルファベットが並んだラインのように、DNA分子は自らの構造に固有のものとして、自分の「バックアップ・コピー」をもち歩いているのである。

通常のDNA修復の過程では、生物はヌクレアーゼという酵素を使って傷ついた部分を切り出し、除去する。つぎには、DNAを構築する材料であるヌクレオチドを使って、できたすき間を埋める。無傷の方の鎖はレプリカをとるときの鋳型の役目をし、新しい正確な二本鎖の分子ができる。このような重ね継ぎと「バックアップ」鎖からのコピーには、多くの修復酵素、上手なタイミング、そしてヌクレオチドとよばれる遊離のDNA構成成分が不可欠である。古い時代に進化したDNA鎖の修復が洗練されてゆき、細菌の遺伝的超システムにおいては、それが日常茶飯事となると、やがて地球上にあまねく拡がっていった。世界中のDNA修復系が性への通路を開いたのである。もっとも単純な細菌の修復系では、修復に必要な遺伝子は自分自身のDNAに由来している。外来のDNAが受容者の傷ついたDNA中へ組み込まれるとき、そこに性が生まれる。こうして、子孫の細菌は片親ではなく、両親からDNAを貰って、繁栄の可能性が拓かれる。DNAの重ね継ぎ（遺伝子スプライシング）

は、初期の無防備な地球上ではしばしばあったできごとに違いない。

二本鎖DNAの双方の鎖が同時に傷害を受けた場合、言い換えれば、双方ともが傷ついたためにバックアップ・コピーが残されず、配列の情報がとり返しようもなく失われた場合には、細胞は死んだ。大部分と言わないまでも、多くの細胞が死んだであろうことは疑いない。しかし、地球に生命の生まれた初期から、ある細菌はその修復酵素を使って、周囲の仲間や水から外来DNAをとり入れた。その結果、最終的には、自分自身のDNAの替わりに他の細菌のDNAの塩基配列が使われるようになった――DNA組換え機構としての性が始まったのである。吉報のように、これらのDNA修復酵素の遺伝子は速やかに駆けめぐった。初めての外来DNAの自分自身のDNAへのつなぎ込み、それこそが最初の性行為であった。性はやがて遺伝子の注入手段となり、化学的混沌さと、放射能に充ちあふれたこの世界で生きのびることを可能にした。このように、DNAの転移が成功したときには細菌は救われたから、細菌はこの有益な性行為をくり返し行い、それを洗練していった。

紫外線は現在でも、細菌に劇的な影響を与えている。細菌の中には紫外線の与える過酷な刑罰を回避しているものもいる――彼らは細菌版の「帽子」を被り、「サングラス」をかけている。これ以外の細菌は紫外線に打たれると、DNAが損傷されることを恐れて、ただちに増殖を止め、周囲の水中へ一連の酵素と裸のDNA断片を放出する。彼らは、紫外線で傷ついた、自分の長いＤＮＡ分子をその誤りごと、何本も速やかにコピーする。損傷に対する、このように機敏な生物学的反応はＳＯＳ応答*とよばれている。ＳＯＳ応答は環境毒素によっても発動されるが、これは危機的環境に直面したときに、少なくとも少数の子孫の生存を確保しようとするときに使う、むかしながらの常とう手段である。注目すべきことに、細菌が紫外線損傷を修復する能力を失ったときには、必ずすべての性的能力も失ってしまう。

ヒトの腸内細菌の大腸菌は、紫外線で傷ついたＤＮＡの修復をきわめて効率よく行う。ところが、大腸菌でも、レック・マイナスとよばれる株はそれができない。この性を失った突然変異体は、性的能力のある親類の大腸菌に比べて紫外線への致死感受性も数百倍高い。遺伝子をやりとりする細菌の性において、一つの細菌からのＤＮＡの流れは一方向的である。受容者は供与者のＤＮＡをとり入れ、供与者の遺伝子を自らのＤＮＡの順番どおりの位置へ組み入れる。ＤＮＡの組換えが起こるためには、少なくとも生きている細菌が一つと別のＤＮＡ源——生死を問わず——が必要である。この性行為の後で、組換えを起こした、新しい細菌が生きてゆくためには、その細菌は各必須遺伝子を一コピーずつ含む、完全なＤＮＡセットをもっていなければならない。今日、バイオテクノロジーの企業を潤している遺伝的組換え技術のスタートは生き残り策だった——まずはＤＮＡの修復、次に自然界で遺伝子を動かすという性が細菌の生き残り手段であった。

生命以前に性はあったか？

性の年齢はいくつだろう？　細菌は、地球が固まって地殻を形成して間もなく現れたことを示す証拠がある。しかし、彼らは無から生じたわけではない。太陽その他のエネルギー源に鍛えられながら、放散的な性質の熱力学的枠組みの中で、複雑な炭素構造は育まれた。[4] 生命以前にも複雑で組織化されたシステムは存在した。何人かの科学者は、この前生物的世界にも性に対応するしくみが存在したかもしれないと考えている。DNAの断片が細胞の原型のようなものに出たり入ったりしていたのだとすれば、性を遺伝的組換えと定義したとき、原理的にはそれが生命誕生以前に存在しえなかったと考える理由はない。

性は遺伝的組換え、すなわち供与者と受容者の細菌のように、少なくとも二個の「親」を出発にして、遺伝子の組換えによって新たな存在を形成することである。あらゆる生物の体を構成しているタンパク質はDNAから直接つくられるのではなく、DNAの情報を使ってアミノ酸を並べてタンパク質をつくるRNAという「運び屋」と「翻訳家」を通じて組み立てられる。この意味では、RNAは自らを並び替えることができるという点で「セクシーな」分子である。DNAとは違って、RNAは増殖するだけでなく、タンパク質をつくる指令も出す。RNAが酵素としての活性によって行う、自分自身を刻み、つくり直すこと自体、変わってはいるが遺伝的組換えの一種である。これを分子レベルにおける性であるとみる人々もいる。これとは対照的に、DNAは自分のもつタンパク質の情報を具体化するときには、媒介者としてRNAをつくらなければならない。二本鎖からなるDNAのらせんがほどけ、一方の鎖の一部分が「コピー」されてメッセンジャーRNAができる。次には転移RNAがメッセンジャーRNAを鋳型として使い、遺伝暗号の指令どおりに対応するアミノ酸をはめ込んでタンパク質を形成する。DNAの増殖がRNAと酵素に依存しているのに対し、RNAは原則的にDNAなしでタンパク質をつくることができる。

何人かの科学者の考えによると、生物の進化する以前の地球は「RNAワールド」であって、そこでは遺伝情報をもつRNAの断片が間違いだらけの組換えを起こしたり、タンパク質をつくったりしていたが、それが最終的に生物へと進化したのだという。もしそうであれば、RNAは生物の前駆体、すなわち、ずさんではあるが、生物のもつ遺伝情報系への発展途上のものであったともいえる。

初期の地球では、細胞の原型が古代RNA鎖という骨董品的分子を膜に囲んでもっていたように思えるが、案外そこは、裸の遺伝子たちが奔放にからみ合う場であったのかもしれない。しかし、何れにせよ、祖先型のRNAが——組換えという形で——もっていた性が、DNAをもつ細胞以前に存在し、最初の細菌という生命形態を生みだす手助けをしたのは間違いなかろう。性——あるいは、少なくとも太陽から活力を得た、死者崇拝性のＲＮＡを基礎とした性の前駆者——が生物自体の前に存在したことは考えられる。

危険な密通——ハイパーセックス

われわれになじみ深い生命形態——植物、動物、キノコ、地衣など大きくて目に見える生物たち——はすべて、「ハイパーセックス*（超性）」の所産である。性をもつ種では、配偶者が一時的に一体化し、双方の性のパートナーからの遺伝子をいくらかずつもった、新しい子孫をつくるということは、われわれの誰もが知っている。これに比べると、過去に何度となく非常に種の違ったパートナーどうしが恒久的に一体化し、おのおの種に由来する遺伝子をもった新しい「子孫」をつくった事実はあまり知られていない。動物や植物のふつうの性のように既存の種の新たな一員をつくるのではなく、種と種の間の危険な密通が起こると、まったく新しい種ができることがある。自然界に広くみられる共生*は、二つ以上の違う種のメンバーが一生の大部分を通じて生活を共にしたときに始まる。性と同様に、共生も複数のパートナーを一体化させる。しかし、これには獣欲的要素がある——種間にある壁に敬意を払わないからである。例えば、ストレプトミセス（*Streptomyces* 放線菌の一種）が非常に異なる細胞との性的出会いを楽しむという細菌の性に似て、ハイパーセックスとよばれる現象は

――定義にしたがえば――別個の生命形態のメンバーの間に起こる。ハイパーセックスをここでは、共生を通じて恒久的に一体化し、二つ以上の由来の遺伝子をもつ生物をつくることと定義するが、これは伝統的、正統的ネオダーウィニズムからはまだ完全な認知を受けていない。[5]それにもかかわらず、これは革新的進化が起こるための、一つの主要な要因である。

ハイパーセックスのもっとも目覚ましい例は細菌にみられる。ある細菌は別の細菌の中に入って育ち、増殖する――しかも永遠に。もともと別物であった細菌の間に成立した連合が新しい生命形態を生みだすことにつながった。何億年という進化を経て、その生命形態の中にはすべての人類も含まれている。あなたの身体をつくっている動物細胞でも、植物の細胞でも、各細胞の基礎となっているのは細菌間の連合なのである。言い換えれば、あなたを構成している細胞はハイパーセックスで生まれた雑種なのである。今も酸素の不足した水中に住む、少数の小さな生き物（トリコニンファ *Trichonympha*〔ケムカリ〕など）を別とすれば、核をもつ細胞からなるほとんどすべての生物――これにはプロトクチスト（繊毛虫や褐藻など）、真菌類（酵母やキノコなど）、植物（シダやコムギなど）、そして動物（ハマグリやヒトなど）が含まれる――は酸素を呼吸する細胞小器官*をもっている。これらの細胞にはミトコンドリアとよばれる小さな細胞小器官があって、これが酸素を代謝することによってエネルギーを生みだし、細胞に提供している。顕微鏡でしかみえない、これらのミトコンドリアは、かつては自由生活性の、酸素を呼吸する細菌であった。動物、植物、真菌類のどれもがまだ進化しない、初期の時代に、酸素を吸うのにたけた、小さな、略奪ぐせのある細菌が、より大きく、酸素を吸う能力のない発酵性の細胞（プロトクチストの祖先）の細胞の中におそらく押し入ったのであろう。ときが経って、この侵入者がミトコンドリアになった。彼らは永遠の「契り」を結んだのである。

あるハイパーセックスの起源は感染である。例えば、ミトコンドリアの場合、小さな酸素呼吸性の細菌は、発酵性の「宿主」を完全に破壊することには失敗した。その替わりに、彼らは宿主の中で増殖し、宿主を生かしておいた。逆説的に思えるが、もっとも巧みな感染者はもっとも致命的なものではない。「完璧な」病原菌はすべてを殺し、やがて自分も死ぬ。資源がなくなるからである。ミトコンドリア、つまり細胞小器官となった細菌も、最初は確かにほとんどすべてのものを殺したであろうことはほぼ間違いない。しかし、ときとともに、病原菌が新しい、恒久的な感染体に変わるためには、完璧ではないことが不可欠であった。われわれのすべての細胞は、古代の微生物との絆という刻印をもっている。感染を専門とした、かつての侵入者は今ではとらわれの身となり、われわれの細胞の中で働いている。植物も永遠の契りを交わした細菌をもっている。緑色の体をもつ、このかつての細菌は葉緑体とよばれている。葉緑体の出自はシアノバクテリア（図版1の第三の融合）とよばれる、自由生活性、自由浮遊性の細胞壁をもつ細菌である。どれほど謹厳な植物や動物でも、好色な過去、つまりハイパーセックスの長い歴史——永遠の契りを交わした細菌——を、その細胞の奥深くに抱えている。

ハイパーセックスを行う個体でも、もっと平和的に接触するものがあった——一つの生物が酸素や酢酸のような廃棄物を出し、第二の生物はそれを吸い込んだり、食べたりできた——そうやって除くことができた。二つが組み合わさって、酸素を吸い、酢酸を除くというゆるぎない連携ができた。ハイパーセックスを通じて、細菌の社会は複合的個体へと変わった。しかし、初めから問題を抱えていた微生物間の連携もあった。デロビブリオ（*Bdellovibrio*）、ダプトバクター（*Daptobacter*）、バムピロコッカス（*Vampirococcus*）などのように、攻撃的で、相手を殺すこともよくある乱暴な細菌たちは、今でも攻撃を仕掛けてくる。このような細菌たちは食物やエネルギーを求めて絶え間なく侵略をくり返すので、その犠牲者を殺してしまうことさえある。元来、細菌は餌を求める殺し屋として、たがいに惹かれ合うことがよくあった。しかし、地球上が込み合ってくると、敵意は必ずしも最善の戦略ではなくなる。敵対し合う生物が進化的に代謝上の停戦に達すると、それがときには遺伝的協定に転化することもあった。やっつけられなければ、仲間になれという古い格言がある。いくつかの細菌はこの格言に従って自主性を捨て、他のものと一緒になった。より複雑な生命形態の誕生がその結果である。次頁の図は、ハイパーセックスによる、食う食われるの敵対関係から離れがたい相互依存への移行をコミカルに示している。

真のハイパーセックス、つまり永遠の進化的交合において、ほとんど常に一方のパートナーをつとめるのは細菌である。アメリカの解剖学者イワン・エマヌエル・ウォーリン（一八八三〜一九六九）は、早い時代に細菌のハイパーセックスについて実験した人である。ウォーリンには先見の明があったが、軽率でもあった。ミトコンドリアの起源が自由生活性、酸素吸収性の細菌であるという仮説をのべた点で、彼は先見の明をもっていた。動物細胞からミトコンドリアをとり出し、それを独立に培養することに成功したと信じた点で、彼は軽率であった。これは事実に反することが後で判ったのである。ミトコンドリアをとり出すことは可能だが、そうすると二、三時間しか生きられない。ミトコンドリアは単独では培養することーー食物を与えて増殖を誘導することーーはできない。彼らは完全な屈従と規律に縛られている。彼らの個性は消滅し、われわれの細胞の細胞質の外では生きてゆけなくなっている。「ハイパーセックス」とよばれる、ある種の細菌間の永遠の結婚の名残りは、われわれの身体のあらゆる細胞に生き続けている。すべての身近な大型生物の起源の底には、ハイパーセックスによる混交があったように思われる。われわれの細胞はどれも途方もない異種交配の産物であり、中世の動物寓話に出てくる、どんな雑種動物よりもよく混ざり、強く結合されている。

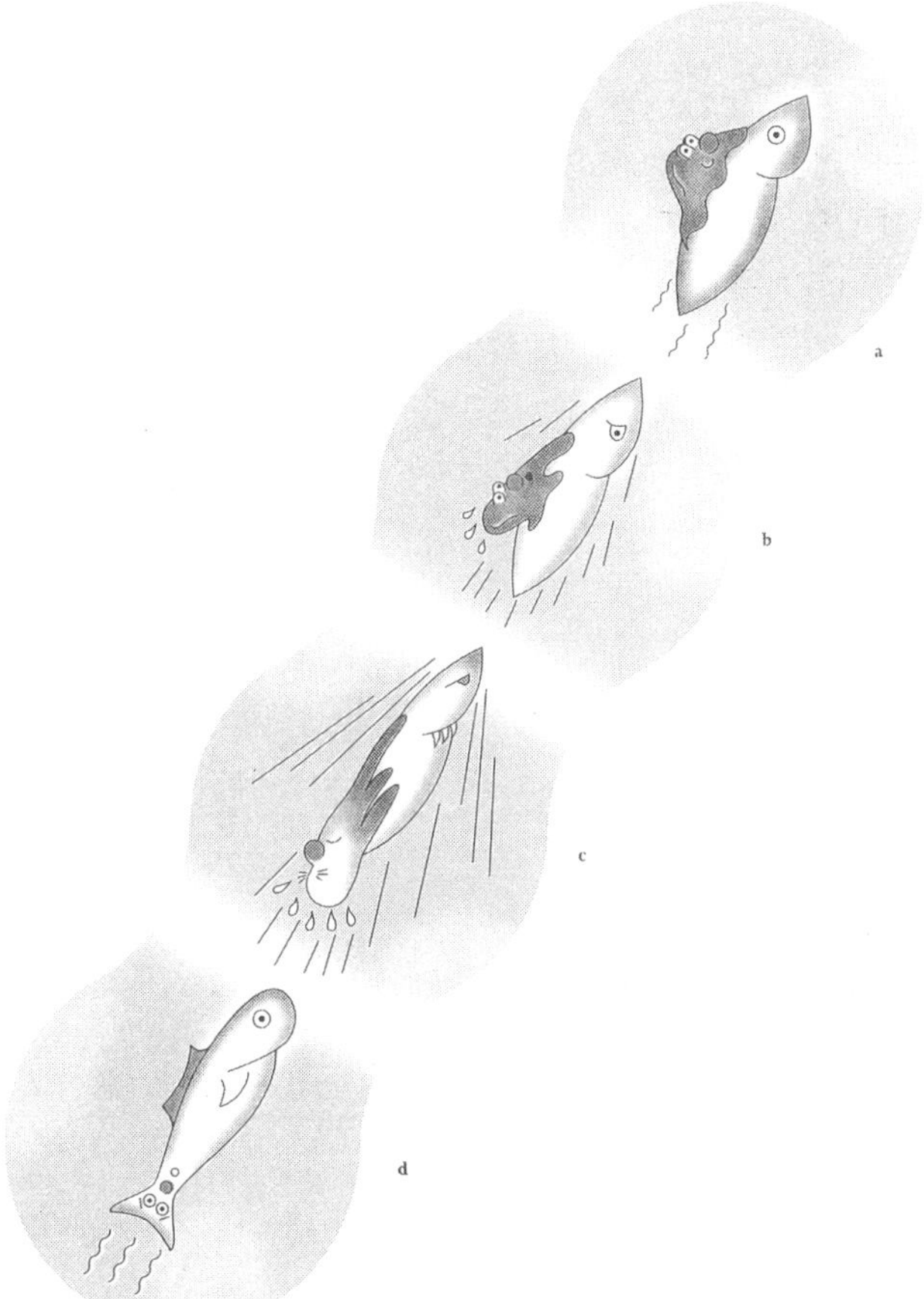

共生創世——脅かされた２種類の異なる存在が、４段階（a, b, c, d）を経て、幸せな一匹の魚になる

ハイパーセックスの申し子と種の起源

細菌の性の次にはハイパーセックス――共生による永遠の融合――が始まり、それが新しいタイプの細胞（核をもつ細胞）を形成した。ハイパーセックスでは、一つの細菌全体がもう一つの細胞の体の中へ入り、二つは永遠に生活を共にする。ハイパーセックス中の生物が生殖を行うことが、新たな進化の単位の出現につながった――それは、すべての非細菌性生物に共通な核のある細胞――単細胞のアメーバから、細胞をおのおのが何十億ともつ植物や動物まで――であった。内部共生*は性とは違うという反対意見もあるかもしれない。しかし、進化学的観点からみれば、それは性よりもむしろ優れたものであった。このようにして融合した細菌はアメーバ、粘菌、ゾウリムシになったばかりでなく、減数分裂*による性とそれに基づく性差が進化した結果、われわれをも含む、すべての大型生物をつくり出したのである。動物が性的に交われるのも、ランが昆虫に花粉を運んでもらえるのも、この祖先のハイパーセックスのお陰である。動物も、植物も、カビも、プロトクチストも、その細胞の進化の歴史の中には、ハイパーセックスというものが、まさに刻み込まれているのである。

他の生物の細胞膜に囲まれた狭い小部屋に一緒に住むことほど、親密な状態は他にはあるまい。しかし、これが二、三の細菌――その生活方法はわれわれの細胞の祖先に似ていた――

が捕らえられたとき、まさに行っていたことである。二つ以上の細菌が進化的時間を通じて、同一の生活空間、つまり同じ細胞質に住み続けると、彼らはたがいに別れられなくなってしまう。たがいの廃棄物を食べたり、再循環させたりしていると、遺伝子をやりとりして、種を超えた性に耽るようになる。もとは独立だった細菌どうしが全面的に融合し、恒久的に、もとよりはるかに複雑な新しい生物へと変わる。大型生物の「個性」は本質的に複合的性質をもっている。自主性を失った、二つ以上の遠い祖先がたがいに組み合わされたものだからである。

ハイパーセックスの寄与の大きさは、細菌の自然史にも反映されている。ふつう、細菌は決して融合したりはしない——軽く接触して、一方向的に遺伝子を一方から他方の細胞へ送り込むだけである。しかし、ハイパーセックスでは、彼らは永遠に融合する。われわれ動物は、ハイパーセックスで生まれたプロトクチストから進化してきた。つまり、途中の一〇億世代ほどを跳ばせば、われわれは、永遠に交合を続ける細菌たちのハイパーセックスから生まれたプロトクチストの子孫なのである。細菌どうしの最初のハイパーセックス——具体的には不明だが、古細菌に属する細胞壁のない微生物と細胞壁をもつ遊泳性細菌との間のハイパーセックス——が核をもつ最初の細胞をもたらした*(図版1の第一の融合)。

細菌のハイパーセックスの申し子である、真核生物のプロトクチストは、二種類以上のタイプの細菌を祖先としていたから、彼らの祖先である、単純な、連合前の個々の細菌に比べると、構造的により複雑であった。微生物の世界では、一〇億年に及ぶ進化の結果、考えられないほど不思議なハイパーセックスによる融合が起こった。スタウロジェニナ（*Staurojoenina*）などのプロトクチストは、かつては世界を支配した。

彼らのあるものは融合し、増殖を始めたが、ときにはもとの単一の細胞の状態へ戻ることもあった。融合を続けるには、毎世代ごとに融合をくり返すしかなかった。そこで、有性生殖を行う種の進化する途が拓かれた。性の違いが固定されていて、有性的に維持される種が進化を始めたのは、約一〇億年前のことである。イヌやネコのような種が生まれたのは、究極的にはプロトクチストが減数分裂による性を発明したからである。生殖のための性――季節によって二倍体と一倍体のサイクルをくり返すプロトクチストの性――ができるとともに、性をもつ種が現れた。このように体をつくるために、死の危険を冒すサイクルがどのようにして進化したかは、次の章で探ることにしよう。

減数分裂への途上で

日常会話では、性（sex）はたいてい哺乳類の「生殖器の摩擦」のことを指している。おそらく、この簡単な三文字単語の言語学的意味を絞ったことが原因で、性はまるで単一の過程のように思えることがある。これはとんでもない誤りである。性にはさまざまな種類があり、混乱するほど複雑な過程である。性には限りなく深い歴史がある。性のシステムは少なくとも三種類に分けることが可能であり、それらはすべて、異なる時と場所で、異なる生物において進化した。最初に進化したのは、細菌の性にみられる一方向性のタイプで、これを微妙に調節することによって、細菌の地球規模での生態学的ネットワークは生きのびることができた。次には、共生によるハイパーセックスのうちで、高度の特異性をもつものが、核をもつわれわれの祖先、プロトクチストの形成を促した。もっとも新しい時代になって、カビ、植物および動物の祖先であるプロトクチストにおいて、一番なじみの深いタイプの性が進化した——それは細胞融合を含む、減数分裂と受精による性である。これらの性はいずれも、われわれ人間のように性差をもった身体をつくり上げるのに必要な序曲であった。われわれの性の祖先の秘めごとを詳細に暴かないことには、われわれ自身の性的欲求や欲望や性癖についても、はっきりしたことはわからない。われわれの性的過去については、たいていのことはわかっている。しかし、どんな科学者でも、語れるのは物語のほんの一部にすぎない。それらの科学者の残した手がかりから、全体の話をまとめ上げようというのが、ここでの試みである。われわれの性の歴史は——全体としてみると——信じがたいものである。

種を超えた細菌の性がまず始まり、次にはハイパーセックスが始まり、これらによって引き起こされた細菌世界の合併が、核をもった細胞という新たな個性の出現を促した。各レベルの性は、一時代前の様式と共存しながら、それに新たなものを付け加えていった。生命は決して祖先を忘れることはない。種を超えた細菌の性は、バイオテクノロジーの企業に富を与えているが、これはおそらく、熱くて、オゾンに無防備な初期の地球上に溢れていた危険な変異原化学物質や紫外線に対する、自発的対応策として進化したものであろう。細菌間の連合体形成や、ここでハイパーセックスと名づけた特異的共生による新生物の創生によって、発酵、遊泳、酸素呼吸、光合成などを行う、異なる生物たちが混ぜ合わされ、完璧とは言わないまでも、永遠の合併が成立したのである。

第三のタイプの性、減数分裂による性は、細菌間のハイパーセックスによってすでに進化していた、プロトクチストという存在において進化した。減数分裂による性では、染色体数の減少する過程である減数分裂によって生殖細胞――動物の精子と卵、あるいは植物や真菌類の胞子――がつくられる。減数分裂は細胞分裂の一種である。減数分裂によって、動物、真菌あるいは植物細胞の染色体の数は半分に減る。減数分裂による性――減数分裂が染色体数を半分にし、その後で受精がその数をもとに戻す――は、復旧に向けてバランスをとる行為のようにみえる。生きるのが容易なときには、単独での生活スタイルが有利だが、不利になると、資源を貯める必要に迫られたのであろう。このジレンマと二面性――細胞内の染色体が一倍—二倍—一倍と循環的に交替すること——が最初に進化したのは、プロトクチストという微生物の世界においてであった。これらのプロトクチストは、後でのべるように、今日でも彼らの性の歴史をうかがわせるような行動をしている。「汝とはともに生きられず、さりとて汝なしには生きられぬ」というのは、恋に破れて張り裂けそうな胸の裡をのべた古い嘆きの言葉である。これに示された緊迫感の根は、次に説明するように、動物の生活環のもつ精神分裂的な妥協性に何か通じるものがあるのかもしれない。死の運命にある二セットの染色体をもつ肉体というおのれの存在と、その肉体からつくられながら、一セットの染色体をもち、次の世代まで生きのびられる可能性を謳歌している性細胞の間に立って、われわれ動物は何とかしてバランスをとるよう迫られている。

3

共食いするもの、しないもの——
融合という性

性が何であろうとも、かつて誰も実際には自らの完璧な全体像を他人の中に見出した人はおらず、他人の中にもっとも全体像に近いものがあるとすれば、それは双子である——だから、われわれは、生物学とわれわれの種の起源にあえてそれを求めるのであろうか？　子を生めば死ぬことを運命づけられた、われわれ哺乳類の背景には、何時もアメーバという祖先がいる。それは性的に殖えるのではなく、単に（穏やかに？）割れては殖え、同一の二つになるのだから、決して死ぬことはない。

——ゴア・ヴィダール

生き残るために融合する

どんな目に遭うのも覚悟の上で、四次元の世界の旅をしようと、「タイムスーツ」を着て、時間を設定し、二〇億年前の地球へ運ばれたものとしよう。モニターをのぞくと、そこには自分の防護用の宇宙服のような着衣の左足の長靴だけではなく、われわれのもっとも遠い性的祖先のいくつかが拡大されてみえる。アメーバのような微生物が二つ泳ぎながら、融合によって生き残ろうとしている。くねくねと曲がって相手を避けたり、飲み込もうとしたりしている。その争うさまは、レスリングの試合のアメーバ版である〔図版4〕。たがいに相手を飲み込もうとしているのだから、戦っているのか、食べようとしているのか見分けが難しい。彼らの転げ回るさまは、楽しんでいるようにも、いらだっているようにもみえる。このような場所と時代に降り立ったとすれば、あなたは幸運である。なぜならば、今あなたが目撃しているのは、受精*、すなわち卵と精子を結合させて、動物体を育てる受精卵をつくる過程を予示している行為だからである。

ポータブル顕微鏡のつまみを調整して、もっとよくのぞいてみよう。一見したところ、一方が他方のやみくもとも言える抱擁から泳いで逃げ出したようにみえる。しかし、やがて、まだ二つともそこにいることがわかる。彼らは融合したのか、それとも？　観察によると、二つはほとんど一つにみえるが、まったくの一つでもない。彼らの膜は融合しているが、まだおのおのが自前の核をもっている。一緒になった彼らの体は一つだが、核は二つある。したがって、各自が戦いの始まる前にもっていたものに比べると、染色体の数も遺伝子も倍になっている。かつては別々であった自己を今では重ね合わせた結果、彼らは不格好で、風変わりな状態で、ほとんど一体化した状態になっている。やがて、遠く離れていた核がたがいに接近してくる。たがいに惹かれ合っているかのようである。二つの核は今や非常に近づき、融合する。二つの生物が一つになったときである――彼らの二つの核は、大きく膨らんだ、一つの二重核となった。今や、二つの核――双方の戦士に由来する――は一つの肥大した実体として、細胞内にただよっている。

顔を上げてみよう。タイムスーツの袖口に付けたガス・スペクトロメータが、大気は水素、メタン、硫化水素で充満し、酸素を欠いていることを示している。マスクで顔を防護していなかったならば、このどろどろの世界に漂う有毒ガスのせいであなたは死んでしまうだろう。地平線には太陽が小さくみえ、何やら好色で、ねばねばした生き物しか住んでいない、この世界は不思議と熱帯を思い出させる。酸素を欠く大気中では植物や動物だけでなく、カビでさえも窒息して生きてはゆけない。しかし、プロトクチストは闘い、泳ぎ回りながら生きてゆける。あるものは融合して重なり合い、別のものはパートナーの膜の内側で脈打ちながら、連合を組むことで飢餓から逃れようとしている。共食い的な合併をしたものは闘争の挙げ句死んでしまう。それ以外のカップルや三人組が幸運をつかむ。彼らは配偶者と無期限の融合を行い、重なり合った、あるいは三つ巴の状態で泳ぎ続ける。もっとも幸運なカップルは彼らの二重性を忘れ去る。彼らは小ぎれいな格好をし、たった一つ――染色体数が二倍なので膨らんではいるが――の核をもっている。話好きの人ならば、半分がアダムで、残りの半分がイブだと言うかもしれない。さもなければ、ベティ・デイビスの「別々の寝室と別々の浴室を与えることで、彼らには争いのチャンスを与えた〔高笑い〕」の言葉を思い出すかもしれない。

プラトンの饗宴で、ワインを飲み、恋愛の本質について瞑想しながら、アリストファネスは、男と女――そして、男と男、また、女と女――が単一の存在であった原始の時代のことをわれわれに語りかける。われわれの二重性の祖先は四本の腕と四本の脚をもつボールのような形をしていて、それらをまるめ込めば、誰が走るよりも速く転がることができた、と彼は語る。このような祖先の全体像は両性的存在を意味し、現在の男女のおのおのは、その一部分に過ぎない。この祖先はあまりに強大であったため、神々の王であるゼウスがその傲慢さを罰した。祖先を二つに引き裂いたのである。ゼウスは半分にした祖先に、残り半分の祖先の膨らんだへそを結びつけた。このとき以来、半祖先たちは失われた自己を求めて地上をさまようことになった。

二重性

初期のプロトクチストを八本脚のローラーと見立てれば、この大げさな物語も刺激的であるばかりでなく、ほぼ真実に近いものとなる。神話でなく、進化の時代においては、われわれの小さな祖先たちは、ときどき飢えや渇きのあまり、死ぬよりはましとばかり二つが重なり合い、膜を合併させた。昔切り放された半身を探し求める終わりなき旅からは、プラトンが考えたような性の熱情は生まれないが、熱情の源は原始時代の二重性に求められる。われわれの身体の各細胞はふつう二重性をもつ、つまり二倍体である。他の動物の体の細胞も同じだが、われわれの各細胞は二セットの染色体をもっている。卵と精子の細胞を別とすれば、すべての細胞は二倍体である。二倍体とは、一つの核の中に二セットの染色体、人間でいえば四六本、つまり二三対の染色体があるということを意味する。一倍体とは、単一セットの染色体、人間ならば二三本の染色体をもつことを意味する。動物、植物、真菌、および多くのプロトクチストでは、一倍体の状態と二倍体の状態が交互にくり返される。あらゆる動物と同様に、われわれの精子と卵は身体の細胞と違って一倍体である。彼らは周期的に自らの片われと出会い、二重性をそのたびに成立させる。植物と動物ではともに、二セットの染色体をもつ二倍体の核が何度も分裂し、胚を形成する。二倍体状態を再現することに対して与えられた言葉がおなじみの受精である。一倍体状態へ周期的に戻ることに対して与えられたのは、より専門的な減数分裂という言葉である。

減数分裂（英語では、似たような語感の体細胞分裂と混同しないでほしい）は、染色体を二セットもつ細胞（二倍体）から一セットだけの細胞（一倍体）をもたらす細胞分裂過程である。このため、減数分裂はしばしば「還元分裂」とよばれる。男性では、減数分裂によって精母細胞とよばれる二倍体の体細胞から単一の染色体セットをもつ精子がつくられる。女性では、減数分裂によって卵母細胞とよばれる二倍体の体細胞から単一の染色体セットをもつ卵ができる。体細胞分裂*は単に同一の細胞をつくる分裂を指している。体細胞分裂前に二三本の染色体をもっていた一倍体細胞は、体細胞分裂後には、おのおのが二三本の染色体をもつ二つの細胞になる――これは細胞が自分の仲間を増やすことである。同様に、四六本の染色体をもつ二倍体細胞は、体細胞分裂の後にはおのおのが四六本の染色体をもつ二つの細胞になる。これと対照的に、還元分裂の減数過程では、四六本の染色体をもつ一つの細胞が、おのおのが二三本の染色体しかもたない細胞を少なくとも二つつくる。

減数分裂には、いくつかの段階がある。動物の生殖では、後で胞胚*、つまり動物胚に育つ精子と卵の融合体をつくるために受精が必要である。動物では、減数分裂は常に精子と卵をつくり、それらは最終的に出会って、融合し、将来胚になる受精卵を形成する。受精によって終わる一倍体性*と、減数分裂によって終わる二倍体性*が、動物の生活史の中心的サイクルを形成している。細かい点は違うが、植物、大部分の真菌類および多くのプロトクチストにおいても、減数分裂に引き続いて受精が起こる。動物、植物、大部分の真菌類、および多くのプロトクチストでは、減数分裂によって打破された二倍体性をとり戻すために、個体の生活史のどこかの段階で交配を行う必要がある。このため、彼ら（もちろん、われわれを含め）は「減数分裂的性」をもつ生物であると言われる。

　動物では卵と精子の性的結合の後、構成する細胞が体細胞分裂によって数を増すにつれ、二倍体細胞が増えて胞胚を形成する。核も増殖する。胚を構成する細胞は長く伸びたり、膨れたり、さもなければ変質したりする。多細胞からなる胞胚には、口、肛門、筋肉、神経組織が生まれ、一〇〇〇万以上が知られている動物種のどれかの一員として育つ。

　プロトクチストの単一性の二重性への改変、そして細胞の融合と減数分裂による融合からの解放を通じて、大型の生物は進化してきた。植物も同じく、母親の内部に存在する多細胞体である胚から発生を行う。これらの胚は胞胚ではないが、彼らもまた自らの発生運命に満足している。動物や植物の体は常にたくさんの細胞からできている。このような体の細胞は、そもそも自分が存立するため、未婚（一倍体）状態と既婚（二倍体）状態の間を行き来している。あのむかしの異臭漂うぬかるみで、彼らにとっては有毒であった酸素から逃れて生きのびた動物と植物の祖先は、二重性をもつ、つまり二倍体であることによって、単一性の親類よりも水分や食物不足によく耐えることができたのであろう。しかし、この二つの顔をもつ怪物は、遅かれ早かれ、小ぎれいで、効率的で、たった一セットの染色体をもつ単性的存在という元来の姿をとり戻す必要に迫られたのであろう。

今日でも、多くのプロトクチストは減数分裂的性を完全に欠いている。彼らの生殖では、体細胞分裂にうまく手を加えた方法で、一つの細胞を直接二つにしている。小ぎれいで、動きもすばやく、彼らは一セットの染色体をもち続けながら少しも支障を感じていない。これらの一倍体性で、体細胞分裂性のプロトクチストたちは、第二の不必要な染色体セットをつくるという無駄を省いているのである。彼らは性の違いや、結婚や、性的融合に煩わされることは決してない。性を使えるし、実際にそれに没頭している、多くの藻類、粘菌類、真菌類でさえも、単一の染色体セットをもった一倍体としてまったく健全に生きられるし、完璧な増殖を行うこともできる。彼らは季節的変動や栄養的ストレスを乗り切るために交配するが、そうするとただちに融合の産物として、繁殖体という耐久性の構造ができる。やがて、条件がそれを許すように変わると、ただちに彼らはもとに戻る——減数分裂を起こして、「余分な」染色体から自らを救い出す。[1]

染色体数を半減させる減数分裂とは違って、体細胞分裂は現状を維持する種類の細胞分裂である。体細胞分裂の方がはるかに頻繁に起こるから、受精の後に細胞が集合しているときに生物体は成長することができる。体細胞分裂の結果できる細胞がそれぞれの運命をたどりさえすれば、体細胞分裂が増殖——一つの細胞が二つ以上の細胞をつくる——をもたらすことになる。染色体が複製するときには、DNAやタンパク質（染色体を構成する化学物質）の量も倍加する。こうして倍加した染色体は移動し、細胞の赤道面へ並ぶ。これに続いて、各染色体の半分（染色分体*）ずつが細胞の両端（極*）へと移動する。この結果二倍となった親の細胞が二つに割れれば、二つの新しい子供の細胞ができる。体細胞分裂の結果できるのは、二つの子供の細胞であり、それらは何れも親の細胞と同じ数の染色体をもっている。[2] この非性的な体細胞分裂、細胞自体が肉体であるともいえる、このような生殖を行うのはプロトクチストである。動物、植物、真菌の細胞も、生物が成長するときには体細胞分裂によって増殖する。古細菌や真正細菌の細胞には染色体がないから、もちろん、これらでは体細胞分裂も減数分裂も起こらない（第2章、註2参照）。

元来多細胞でできている、動物、植物、キノコなどの成長は、それらを構成する細胞の体細胞分裂による増殖を通じて行われる。これらの大型生物は、受精と減数分裂を交互に行う有性的な祖先から進化してきた。しかし、おそらく、彼らのすべてが単一の有性祖先から進化したのではないであろう。有力な証拠（とくに、さまざまなプロトクチストの減数分裂の方式に多様性がみられること）からは、植物、動物、真菌が個別の祖先をもつことを含めて、減数分裂的性現象は少なくとも数回は進化したことが示唆されている。[3] 繊毛虫、珪藻、緑色海草、有孔虫、水カビ、渦鞭毛虫などは、おそらくそれぞれに独特の様式で減数分裂を進化させたのであろう。もちろん、これらのプロトクチストはすべて体細胞分裂によって成長し、増殖するから、体細胞分裂の方が減数分裂的性よりも以前に進化したと考えられる。

体細胞分裂は、過去においても、現在においても、真核細胞が自分と同じものをたくさんつくるための手段である。プロトクチストにおいては、減数分裂の起こり方は季節によって制約される傾向がある――特殊な細胞分裂なので、後では常に、ある種の受精的融合によって補償されなければならないからである。われわれの祖先は有性的なプロトクチストであった。ストレスを受けると単一体は融合して二重体へと変わった。季節が変わると、たがいに身を退いて、彼らはもとの単一体の状態へ戻った。顕微鏡的に小さいプロトクチストを原生生物（プロチスト）とよび、それにはアメーバ、ミドリムシ、ゾウリムシなどが含まれる。アメーバとミドリムシは、現在でもまったく減数分裂を行わないが、ゾウリムシは彼ら独自の減数分裂風の行動をとる。これら現生のプロトクチストをみると、減数分裂的性の生殖における性のサイクルがどのような祖先に最初に出現したかがわかる［図版5］。

プロトクチストにおける性の試行錯誤を通じて、この地球上の同一種のメンバー間の交配はすべてが和合し、子孫を残せるようになった。種、つまり他と見分けのつく、一貫した特徴をもつ生物の集団は、約二〇億年前に細菌のハイパーセックスが最初のプロトクチストを生みだした頃までに、すでに先ぶれとなるものは出現ずみであった。最古のプロトクチストは性をもたず、直接分裂、すなわち体細胞分裂によって増殖した。それらの子孫の中には、気ままな性に耽り、増殖性の交配によって二重体の細胞を生産し、その後で二重性から脱することのできるようになったものもあった。一〇億年前頃までに、プロトクチストの中には、季節的に性行為をするものがでてきた。こうして、種が新しい形をなすようになった。定期的になされる性的融合によって、彼らは安定したものになっていった。最初の有性種が進化によって生まれた。彼らは、季節的儀式である減数分裂によって分離（単一性への回帰）を行い、受精によって融合（二重性の再現）した。このような交配を行うプロトクチストは、ある問題つまりたがいに相補性をもつ性の違いをどうやって区別するかの問題に直面した（今もしている）。彼らは、祖先を悩ませたような不注意で、致死的でさえある共食いを回避するために、正しい配偶者をみつけなければならなかった。各世代ごとに、配偶者はたがいに融合して二重性を再現した。生きる体制として、その形態だけが、乾き、冬の寒さ、塩分の欠乏に耐えられたし、その他何にせよ、周期的に振りかかる難題に遭遇すると、プロトクチストはとりあえず融合によってそれを避けようとした。しかし、危機に出会うと二重体にはなるものの、彼らにとっては単一体でいる方が居心地はよかった。

有性の種が進化を始めた初期には、単細胞生物の体そのものが融合し合う性細胞であった。今日でも、相補的な二つの性の性細胞はたがいに似ていたり、性をもたずにただ増殖する細胞と区別をつけにくい場合がよくある。プロトクチストの雄（つまり、一方の配偶者）は雌（つまり、他方の配偶者）とみかけは同じであり、非常に微妙な信号によって相手を見分けている。初めは、細胞一つ一つが彼らの体であったから、特別の生殖器や遊走する配偶子*は存在しなかった。初期の配偶者はたがいに同じにみえた。時が経つにつれて、多くの系統で別々に、同等であった個々の細胞に区別ができ、同等ではなくなっていった。その結果、最終的に小さな精子と大きな卵という形で異型配偶子性*が出現した。時間とともに、進化によって異なる種類の配偶子が生まれた。

減数分裂を伴う性のサイクルが最初に発達するまでにはいくつかの段階があった。最初は共食いであった可能性もある。今でも、小さい、外来のプロトクチストか細菌の細胞が、より大きい単細胞性のプロトクチストへ侵入し、老廃物や表面のタンパク質を餌にしようとしても、前者が消化も拒絶もされないことはしばしばある。また、今でも、プロトクチストは危険に出会うと、死ぬ前に辺りのものを何でも飲み込むくせがある。しかも、込み合った状態になると、多くのプロトクチストの種は生きのびようとあせるあまり、飲み込もうとするくせさえある。しかし、このような融合――被食者が捕食者の中に入った状態――は、とくに融合した二つの細胞がたがいによく似ている場合には、ときどき元に戻ることがありうる。性的な融合によって染色体数が二倍になることには、進化学的説明が必要であろう。プロトクチストの世界では共食いがふつうにみられる現象であるという事実が一つの説明になろう――つまり、食作用*（飲み込んで食べることを表す変わった術語）が自然界では頻繁にあるということである。厳しい環境に置かれたとき、近くにいる親類が単細胞の相手を飲み込むのは、苦境にある仲間どうしが手をとり合う意味があったのだろう。これによって、双方の「パートナー」が生きのびたとすれば、これは、進化的には、摂食ということと減数分裂的性の受精による二倍化との中間的段階であったとも言える。

一九六〇年代に、ハーバード大学の生物学者、レムエル・ロスコー・クリーブランドはトリコニンファ（*Trichonympha* ケカムリ）やバブロニンファ（*Barbulonympha*）などのプロトクチストについて研究していた。その中の一つのグループで、微生物界の祖先において、偶然をきっかけとした始まった最初の受精に非常に似ている可能性のある、あるタイプの共食いが起こっていることを、彼は発見した。クリーブランドは一九三四年から一九六九年に亡くなるまで、重複鞭毛虫とよばれる、木材消化性、遊泳性プロトクチストの研究を行った。彼は「毛だらけ男」と名づけた、この重複鞭毛虫を注意深く観察した。その結果、彼らは飢えると、仲間を食べようとしてたがいに引き寄せられることに気づいた。しかし、重複鞭毛虫にはふつう性別も性もなく、彼らは体細胞分裂によって増殖するのだから、これは性的な誘引ではない。この誘引はむしろ、「羊たちの沈黙」のハンニバル・レクターのような共食いに基づく誘引である。絶望的になった重複鞭毛虫たちはたがいをむさぼり食おうと群れ集まった。おびただしい数の遊泳器官（波動毛）をうごめかしながら泳いで接近すると、ときにはくっつき合うものもあった。いったん接着すると、木材の破片を食物としてとり入れるときの正常なふるまいの場合のように、膜が開いて相手と融合した。もちろん、これらはハンニバル・レクターとは違って、発狂した犯罪者ではなかった。彼らは、下品なスポーツが演じるように、たがいに殺し合おうとしたのではない。食物やエネルギー源がなければ、重複鞭毛虫は飢えて死ぬ運命にあった。近親者を食べること（共食い）が、ときに彼らを救った――最後の自暴自棄的な食事が、条件が改善されるまでの間、彼らに苦境を乗り越えるすべを与えた。乾燥や寒さが訪れると何時も、共食いは現実的な生存戦略として、その頻度を増した。

しかし、性の歴史にとっての重要性――そして、ある意味で共食いが吸血と言われる理由――は、ひん死の重複鞭毛虫の狂ったような行為の後でみられた。クリーブランドがみたのは、融合した一方のプロトクチストが相手に完全には吸収されない場合もあることだった。むしろ、ときには、飲み込まれた無法者は、誘拐者の体内で生き残ろうと代謝活動を続けた。犠牲者は弱りはしたが、殺されはしなかった。「食物」となるはずだったものが死ななかったのである。免疫系をもたないために、微生物は容易に融合を起こす。核や細胞膜が融合を起こし、もとは二つの別の細胞が息づいていたところに、二セットの染色体をもつ単一の融合細胞ができる場合もあることを、クリーブランドは観察した。

これが基本的に受精——これにも、細胞どうしの誘引があり、細胞膜が溶け合い、核膜の融合があり、その結果二重性（二倍体）の核ができる——に似ていることに気づき、クリーブランドは、彼の実験室の「毛だらけ男」が経験したのは、減数分裂的性の起源のときに、初めて細胞を合体させたのと同様の出来事だったのではないかと考えた。相手を飲み込もうとしながら、鞭毛虫たちは核や細胞膜を融合させた。クリーブランドは、これが融合的な性、つまり減数分裂と受精からなるサイクルの始まりなのだと理論づけた。

しかし、まだ埋められずに残されたジグソーパズルのピースが他にもあった。融合という中途半端な共食い行為は染色体数を二倍にし、二倍体という怪物を創りだした。しかし、それならば、小ぎれいな、単一の染色体セットをもつ重複鞭毛虫はどうやって、もとの一倍体性をとり戻したのであろうか？　渇きと寒さと飢えという不運に触発されれば、彼ら重複鞭毛虫はさらに部分的共食いを続けて、染色体数をもっと増やし、それまで以上に大きな体になったとしてもおかしくはない。必要なのは回復——染色体数の減少、つまり削減——することであった。交配を行うわれわれの祖先へと進化するためには、この小型怪物は二倍体性というわずらわしい重圧から逃げ出さなければならなかったのだろうと、クリーブランドは考えた。

渇き、飢え、暑さ、寒さ、高塩濃度、その他どんな環境的悪条件が部分的共食いによる融合を引き起こしたとしても、その部分的共食いによる吸血鬼状態からの救済が必要なのであると、彼は気づいた。結局、好天と豊かさがふたたび世の中を支配したとき、救済は減数分裂によってのみ確実にもたらされた。しかし、どのようにして減数分裂は進化したのだろうか？　クリーブランドは、どのようにして、体細胞分裂から比較的単純な減数分裂が進化してきたかについて、一つの体系を考え出した。体細胞分裂から減数分裂への進化で起こったおもな違いは、タイミングの変化、染色体の複製のさいの一時的遅れである。

二重性の怪物は、何時までもそのままではいられなかった。染色体が複製するときには、タイミングの狂うことはよくある。少しでもそれが狂って、その結果、染色体数が減少した場合には、それは強い進化的な正の選択を受けたのであろう。なぜならば、共食い的な飢饉が去り、豊かな条件が戻ったときには、単一セットの染色体をもつ祖先と同じ状態（一倍体状態）がもう一度理想的なものとなったであろうからである。プロトクチストは、単細胞性の遊泳者として、日光浴を楽しむ多細胞性の藻類として、また糸状の水かび捕食者として、何億年もの間栄えた。そして、今もまだ彼らは栄えている。プロトクチストの生活は一倍体、つまり単一状態において洗練されたものとなった。二重化は、難局では彼らの命を救ったとはいえ、周囲の状況が好転したときには厄介なものであった。今日では、大部分のプロトクチストは、交配すると越冬用の構造である耐久性のある繁殖体をつくる。プロトクチストでは、交配して二重体をつくっても、動物のように胚の成長が始まるわけではない。むしろ、その結果起こることのすべては、環境の脅威に耐えることのできるよう防護を固めた、二倍体構造をつくることである。生理学的にみれば、そのような繁殖体は、より貧しかった時代の回想場面のようなものである。

このように、交配は融合をもたらし、それは休眠により生き残り策となった。しかし、好条件が戻ってくれば、単一の染色体セットをもつ（一倍体の）プロトクチストの方が世渡り上手であった。彼らの方が速く増殖した。夏がめぐってくると、シングルでいる方がずっと有利であった。現存のものをみれば、むかしの性的融合がどのような状況で起こったかを知る手がかりが得られる。かつて配偶者であったものは、今では融合を起こし、種の違いに応じて嚢子、接合胞子、ヒストリコスフェア、接合子嚢などの繁殖体を形成する。このような耐久性の構造は、おそらく部分的にはエネルギーや物質の透過率を著しく低下させることで防護の役をはたしているのであろう。言い換えれば、微生物の性とは冬眠の微生物版をもたらすしくみである——生命に必要な自然界の勾配が季節によっては消滅するから、有性の繁殖体の形成が生命の救済につながるのである。

有性動物は本質的には体細胞分裂で増殖する細胞の集まりであり、もともとは無性的に増殖する初期のプロトクチストを祖先として進化してきた。しかし、融合という原始的性は、季節のめぐるたびにもとに戻れることもあって、生き残り策としてうまく機能するようになり、その結果くり返し、くり返し利用されることとなった。そして、さらなる革新が起こった。有性的な融合によって休眠嚢子を形成する替わりに、非動物性のわれわれの祖先は二重性を維持したまま成長した——彼らは、二重性だが、もはや怪物的ではない体をつくった——これによって、ともかくもひん死になると合併するというみじめな状態から抜け出すことができた。

魂の生残者たち

プロトクチストが苦境を乗り切るために性を営んだことは大変よく理解できる。危険な条件下——柔らかい体の、融合していない隣人を殺してしまう条件下——で融合を起こしたプロトクチストは生き延びて、硬くて、乾燥と寒さに抵抗性の厚い壁をもった繁殖体を進化させた。このような危機に臨んでの融合は、有性的融合の起こる前触れであった。今日でも、これらの嚢子は食物や水が与えられるか、条件が改善されるまでは、増殖を始めることはない。プロトクチストの有性的融合は生殖にはつながらない。例えば、多くの緑藻類や渦鞭毛虫では、性はむしろ硬い壁をもち、代謝の低下した構造をもたらす。融合によって越冬性の嚢子ができ、それが春まで休眠する。

　われわれがもっているような減数分裂的性、つまり生殖に関わる性の起源が複数であることを示す魅惑的な手がかりは、非常に多くのプロトクチストの種が、実際には環境のストレスに触発されて性行為を営んでいるという事実から得られる。例えば、池などにふつうに住む緑藻のクラミドモナスは、赤い色をした親類は雪の中にも住んでいるが、彼らは体細胞分裂によってどんどん増殖する。通常は彼らには性は必要でない。ところが、窒素不足にすると、彼らは同じ種のみかけの同じ相手を探し求め、たがいに交配する。二つは融合し、波動毛*とよばれる波動性の付属物は、それまでの二本ずつから、融合して四本となって泳ぎ回る「怪物」へと変身する。窒素不足が性を誘導し、性が人食い鬼を創り出し、それは五日の間に、黒く、硬い壁をもったクラミドモナス接合子*となる。この接合子を長い眠りから救いだす手段は減数分裂しかない。窒素塩を含む水に入れてやると、減数分裂でできた一倍体の、二本の波動毛をもった細胞が現れて、狂ったように泳ぎ去る。

実験室においても、クラミドモナスの接合子へ何らかの刺激を与えて増殖を再開させるには、最低一週間はかかる。硬い外殻をもった囊子は、冬眠中のクマやコウモリのように、クルミやどっしりした酒樽のように、あるいはカビの胞子のように攻撃に対して抵抗する。彼らは時をかせいでいるのだ。動きを抑えた状態なので、乏しくなった蓄えに応じて代謝を低下させている――性は経済的なものなのだ。接合子などの囊子形成は、やや捨て鉢的な戦略ではあるとしても、ずる賢い行為である。微生物は交配を通じて囊子をつくり、次には囊子内での減数分裂によって、その二重性から脱する。クラミドモナスなどの多くの微生物たちは、現在の増殖可能性を犠牲にして将来の増殖に備えることをふつうに行っている。将来の環境が悪化することを予知する能力は、動物や、あるいはわれわれが知っているような意識が進化の舞台に登場するはるか以前に、プロトクチストでは進化していた。そう、人間性の特徴ともいえる、意識を基礎として築かれる計画性が、微生物の囊子形成に潜在しているのである。それは、季節によって食物やエネルギーの蓄えが変動することに対する生理学的応答の進化の結果である。

すべてのプロトクチストの増殖は体細胞分裂によって行われる。性がなくても、彼らはまったく支障なく増えることができる。受精は決して起こらないのだから、性別というものも発達していない。苦境を堪え忍ぶために、他人どうしがあっという間に交配し、将来の繁栄だけをたのしみに休眠性の繁殖体をつくる。単細胞のプロトクチストという、原始的な真核生物のレベルにおいては、有性的な合併は最後の逃げ場であり、「個体の」生き残るチャンスを大いに増大させる緊急手段の役を演じたのである。ここで「 」を付けたのは、そのような嚢子形成と、それに引き続いて進化した受精は、個体間の不思議な相互依存関係を示しているからである。性の前史においては、結合したものだけが進化した。

ボディビルディング

生殖的性の起源の物語では、周期性が決定的要素であった。今日の動物、植物、真菌は――そして、すべての有性的プロトクチストも――完全に単一性ではなく、二重性でもない。むしろ、われわれは何時も両方である。動物であるわれわれは、体細胞という二重状態と性細胞という単一状態の間をぐるぐる回っている。真菌類の体細胞は単一状態、つまり一倍体である。合衆国北部の冷涼地帯のキノコの細胞は、八月下旬か九月には二重状態になる周期性をもっている。秋が深まると、減数分裂がこの二重性をたちまち打破し、単一染色体セットをもつ一倍体の胞子が風に乗せてばらまかれる。単一性と二重性（一倍体と二倍体）をめぐる、このような循環が始まったのは、減数分裂的性が確立されてからである。すべての絶対的有性種においては、細胞はあるときには一倍体、別のときには二倍体になることが必要である。異なる状態へのおのおのの選択圧は、最初は規則的に生じたものであったかもしれない。季節的な寒さや乾燥などの周期性が微生物たちに、増殖の基礎となる物質やエネルギーの偏りを、交互にもたらしたり、奪ったりした。成功を収めたプロトクチストの多くの系統は性を発見し、それが役立つことに気づいた。これらのプロトクチストは、祖先型の速やかな増殖に適した一倍体と耐久性の二倍体状態の間を行き来している——彼らは増殖と忍耐をつなぎ合わせている。

最初に有性生殖を始めたものたちは、おそらく過酷な（冬期または乾燥期）季節には融合し、夏には単一体となって身軽に遊び回ることをくり返していたのであろう。成長中の植物や動物の体は基本的にもっと複雑である——プロトクチストが融合して、遊びを止めた時点が彼らにとっては、胚になるというスタートである。初期の植物体と動物体の輝かしい戦略は、融合している間に大きくなってしまおうというものだった。このように多細胞生物が二倍体性の胚として成長することは、必然的に祖先型の胞子や精子という一倍体へ戻る前に、彼らにまったく新しい生態学的可能性をもたらした。[4] 今日、われわれが植物体あるいは動物体と考えているものは、常に体細胞分裂で増殖しつつある細胞の固まりである。

多細胞体の周期性についての珍しいが、例証的となる生物は細胞性粘菌とよばれるプロトクチストである。これらの湿ったところをねばねばの体ではい回るものたちは、季節によって融合を起こすが、その後では強烈な個性を主張する。彼らのライフスタイルをみると、飢えた個々の微生物細胞と、最初の生物体へと進化した、かつての微生物集団に理論的には似ていて、大きくて、摂食と成長を行う細胞の固まりとの間の「ミッシング・リンク」がどんなものであったかが想像できる。

粘菌類は、非細胞性（変形菌類）も細胞性（ディクチオステリウム〔*Dictyostelium*〕やアクラシア〔*Acrasia*〕）のものも、最近までは、植物や真菌類とひとまとめにされていたが、今ではユニークなプロトクチストであると考えられている。[5] 真菌類とは違って、彼らは菌糸を欠くし、キチンという有機物でできた細胞壁ももっていない。植物や動物と違って、彼らは胚というものを完全に欠いている。粘菌は、なぜプロトクチストが別個の、独立した生物群として注目に値するかのすばらしい例である。現在、大部分の分類学者はエキノステリウム（*Echinosterium*）、フリゴ（*Fuligo*）、リコガーラ（*Lycogala*）それにステモニチス（*Stemonitis*）などの変形菌類を、プロトクチスト界の中で独自の門に分類している〔図版6〕。これらの運動性の従属栄養生物*が動物なのか、植物なのかという論争は終わった――彼らはどちらでもない。彼らの独特の有性的融合や多細胞体と単細胞体の交替の有様は、性の進化の系統樹における奇妙な側枝の例になっている。

変形菌は、単細胞状態と多細胞状態を交互にもつ細胞の固まりとして、食物を求めて動き回る。彼らは森の倒木や朽木の上、庭の小径の木材の破片の上、さもなければ堆肥などに住んでいる。単細胞の段階では、顕微鏡でなければ見えないが、軸を生やし、黒っぽくて、胞子をつけた段階になると、容易にみつけることができる。おのおのは胞子をもった繊細な軸をもっている。軸はときには一センチ以上の長さになり、少なくも二、三日は維持される。

変形菌類では、細胞分裂よりも核分裂の方が速く起こり、多核のアメーバ様生物体をつくる生殖性、摂食性の段階と、休眠段階とを交互に過ごす。多核のねばねばした生物体は変形体とよばれる。彼らは伸びたり、縮んだり、うごめきながら、ゆっくりと獲物を探し回る。細菌や小さなプロトクチストが、うごめいている変形体に捕らえられると、生きたまま食べられてしまう。十分に食べて、満足すると、変形体は一箇所に定着し、定住性の胞子軸をもった生殖相に入る。核の分裂が起こり、壁で囲まれた胞子が形成される。多核で、流動性の非細胞性の細胞質の固まりからなる、ねばねばの変形体の段階と、単核の細胞からなり、胞子を抱えた定住性の段階を交互にもつことが、これら多彩な変形菌類という生物の典型的生活環である。

われわれは青虫から蝶への変化を「変態」とよぶのに対し、二匹の蝶が交配の後に消滅するという変化について、それを死とよぶ。しかし、より深い見地からみれば、何も死んではいない。卵—青虫—蝶と変態する生命から何かが失われたわけではない。蝶の「死」は自然の一つの段階であり、性に媒介されて周期的に変わる細胞の体制における、次の発達のステップである。変形菌類では、体制の違いが昆虫の場合ほどはっきりしていないから、多くの生命形態の変化があっても、その持続性がよくわかる。これらの粘菌の黒い胞子の壁が割れるときが、彼らの有性的生活環が「始まる」ときである。胞子は自由遊泳性のアメーバ様のアメーバ鞭毛虫を放出する。その核は何度も分裂をくり返し、分泌性の膜に囲まれた原形質を形成する——こうして、生活環が続いてゆく。ふつうは、おのおのの黒い胞子からはアメーバ様細胞が一つだけできる。ところが、差し迫って溺れるほどに水分が十分にあるときには、粘液アメーバとよばれるアメーバが出現する。これにはこつ然と一対の波動毛が生え、どこかへ泳いでゆく。このような、もともとアメーバからできた遊泳性の変形菌細胞は、ドイツ語の泳ぐものという意味の単語にちなんで遊走細胞とよばれている。この遊泳性の鞭毛虫段階は、おそらく、これらの生物の祖先が波動毛をもった自由生活性の生物であったことに由来するのであろう。二つの遊走細胞間、二つのアメーバ間、あるいは一つのアメーバと一つの遊走細胞の間で交配が行われる。このように相手かまわぬ交配でできた融合細胞が成長して変形体になる。

有性的に生じた変形体からは、種の違いに応じて三つのおもな胞子形成体のどれかができる。あるものでは、木材や林床と接触を保つ、幅広い底部ができる。胞子軸が伸びるにつれて、それまで脈動していた「変形体脈」は短く、太くなり、有性的につくられた体の特徴であった、内部の絶え間ない流動的動きは停止する。体から水分が失われ、胞子が放出される。胞子は発芽してアメーバとなり、それが今度は体細胞分裂によって無性的に増殖して、子孫の無性アメーバをつくる。このようなとき、変形体は「死ぬ」のだと言えないことはない。しかし、現実には、彼らは個別のプロトクチスト細胞からなる無性的な状態と、寄り集まって有性的な肉体になった状態を行ったり来たりしている――それによって、単純に死という宣告を下す段階を一定でないものにしている。アイデンティティを破壊すると同時に持続させることによって、減数分裂的性はわれわれをわれわれ自身の外へ連れ出し、われわれ以上のものにも、われわれ以下のものにも変えている。壁で囲まれた胞子がつくられ、風によってばらまかれると、変形菌類がもとの変形体の状態に戻れるのは、有性的な遊走細胞が波動毛の尾を生やし、一対が、あるいは三つが――実際、ときには何十もが――相手をみつけ、ふたたび融合したときだけである。そう、交配とはお祭りなのである。

選ばれたプロトクチストが動物、植物、そして真菌類の祖先へと進化してからは、彼らの生殖、いや、彼らの存在そのものが融合をくり返し行うことに依存するようになった。彼らの融合行為は、おそらくもともとは、共食いが渇きや飢えを和らげることに付随して生まれたものであろう。周期的な融合それ自体は、季節によって環境が食糧難になることによってもたらされた。しかし、春の雨と夏の暑さがふたたび環境を養分で満たすと、配偶体や融合細胞の固まりは待ってましたと激しく成長と増殖を行った。このような増殖は自然選択の枠組みに入れられ、われわれが今、肉体と称しているものの周期的出現へとつながった。これらの肉体とは、変わり種のプロトクチスト自体の肉体であり、よりなじみの深い、彼らの子孫——植物、動物、真菌類——の肉体のことである。すさまじい性の実験を通じて肉体というものが進化してきたことを、粘菌たちは証明している。

無欲の遺伝子たち

ダーウィン以来、進化とは個体間の競合としてイメージされてきた。自然選択は弱い個体を除き、強い個体だけを生き残らせる。学問的にみたとき、ネオダーウィニズムが個体というものをあまりにも狭くとらえてきたのは、不幸なことである。粘菌にとって個体とは何であろうか？　ぴくぴく動いている塊のことであろうか？　日常的に自らの個体性を犠牲にして、有性的に合一し、ねばねばした全体をつくろうと、死にものぐるいで融合しつつあるアメーバのことだろうか？　融合しようとしている粘菌の遊泳者もそうだが、一緒になって全体をつくる細胞どうしが遺伝的に関連している場合もあるであろう。しかし、「個体」はしばしば、遺伝的には無関係な構成成分の融合によってできている。
ソノラ砂漠のシロアリは自らの膨らんだ腸の中で、繊維状の胞子を形成する細菌であるアースロミツス・カセイ（*Arthromitus chaseii*）の大集団を保護している。実際、一匹のシロアリの中には、森全体を食いつくすほどの微生物社会が納められている。カリビア海のサンゴたちは、渦鞭毛虫のシンビオジニウム・ミクロアドリアチクム（*Symbiodinium microadriaticum*）という種の、黄色の光合成性共生者をさかんにとり入れて、保持している。これら光合成を行う協力者がいなければ、サンゴ礁自体ができることはないであろう。弱々しい渦鞭毛虫も、強いサンゴ虫も自分だけでは、個体として生き残ることはできない。

この例のように、生物たちは同盟を結ぶことによって生存率を上げている。動物の個体どうしが疑似有性的に融合して、新たな種類の「個体」をつくることさえある。例えば、行軍アリ（エキトン・ブルケリ〔*Eciton burchelli*〕）は、一度に二〇万かそれ以上が木の葉をむさぼり食いながら、中南米の森の中を行進する。彼らは自分自身のコロニー仲間の体をつなぎ合わせて、自分たちの巣をつくる。[6] 集合――配偶子でも、個体でも――がより大きな組織体をもたらす。他人であるか、親類であるかを問わず、集合してグループをつくることが、進化にとっては力となり、新しい有利さをもたらす。種内および種間相互作用を通じて長年進化を続けると、「個体」というものは、ますます複雑さと組織性を包括的にもつものにみえてくる。

第2章では、細菌のハイパーセックスが最初のプロトクチストをもたらしたことをのべた。細菌の永続的融合によってプロトクチストが進化したという考えは、電子顕微鏡や分子生物学などの研究から正しさが証明されている。性には融合が必要である。卵は個体と言えるだろうか？　人間が一人で生殖を行えるだろうか？「進化は個体レベルに対してのみ作用する」という言明には再考の要がある。「個体を自然選択の単位」とみる論理が意味をもちそうなのは、無性的に増殖する生物だけが進化の舞台をのし歩いた場合だけである。しかし、あらゆる大型生物は複合系である。個体選択という概念が、かつてどれほど便利であり、今も限られた例については便利であるとしても、微生物体の融合と増殖によって大型生物が進化したという事実は、この概念に相反している。

しかも、最近の研究がくり返し強調してきたように、動物たちは死の危険を減らして、生殖のチャンスを掴もうと、しばしばグループで動き回ることが多い。彼らは、群をなして狩りをし、食物を漁り、子供を守ることによって、うまく食いつないでゆく可能性を高めている。利己主義は遺伝的遠近だけに依存したものではない。社会生物学の過剰な単純化がそう信じさせているだけではなかろうか。もっとも簡単なプロトクチストでさえも、「個体」はハイパーセックスによって――遺伝的にはまったく無縁な細菌どうしの永遠の共生から――

進化してきたのである。一緒になり、衆をたのむことは、少なくとも二つの主要な進化上の移り変わりにおいて決定的要因であった――一つは、細菌から有核細胞をもたらしたハイパーセックス、もう一つは、粘菌、海草、後には植物や動物のように大型の体をもたらした融合的性である。

生物が共に生きる――同種の仲間とでも、遺伝的に無関係の他人とでも――ことによって自らを超えるという概念は、動物学の主流からは何十年にもわたって軽視されてきた。科学的に正確であろうとして、集団生物学者、とくに動物学者たちは、生物をあたかも物理的にたがいに孤立した粒子であるかのように扱ってきた。ネオダーウィニズムの枠組みの中では、生物は、あるいはその遺伝子でさえもが、分割不可能で、独立的で、利己主義的な単位である。しかし、遺伝子や動物を個々の原子のように考えることは危険である。生物は開かれた、成長する系であり、一時的にせよ、永続的にせよ、他の同様の系と連携するチャンスに大いに恵まれた系なのである。

なぜ性なのか？

まったくのところ、生きている生物の個体は原子でも、それ以外のいかなる粒子でもない。生き物には境界はあるが、それは熱力学的にも、情報論的にも開放された系である。彼らの境界は常に変わりつつある。膜や、皮膚や、口を通じて、彼らは周囲とも、たがいとも連絡し合っている。エネルギーを変換し、エントロピーを生成しながら、各生物は一方では自らを維持し、他方では、どんな形にせよ有性的であるならば、合併を行っている。それが細菌の種を越えた性であっても、プロトクチストのハイパーセックスであっても、動物、植物、あるいは真菌類の融合的性であっても、あらゆる有性生物は自らを維持する一方で、合併も行っている。現代のネオダーウィニズムが考えてきたよりも、生物の個体たちの独立性ははるかに低い。実際、細菌の性のレベルでも、後には真核生物の性のレベルにおいても、合併ということが主要な進化学的移り変わりに直接の関係をもつものであった。ひん死のプロトクチストは性的融合によって自らを救った。後になると、周期的に改善される環境条件に適応して、彼らは融合したままの状態で成長を続け、最初の肉体というものをつくった。性的融合は動物にはなくてはならないものであり、これこそがわれわれが自らを超えるための手段であり、新たな形態の社会的組織へ向けて拍車をかけるものである。

減数分裂に引き続いて受精が起こるというサイクルが確立すると、彼らは全盛をきわめるようになった。なぜだろうか？　ある生物で性がなぜ維持されるかは、その生物の系統において、性がまずどのようにして出現したかにかかっている。性については大部分が動物を例として引用するが、性の多様性がみられるのは、大部分は動物においてではない。性についての記述が混乱しているのは、このためである。性については、歴史も、意義も、また複雑さの程度も、生物のグループによって非常に違うから、どんな一般論も的を得たものにはなりにくい。

生物が性的融合能をもつ理由としてよく引きあいにだされるが、根拠の疑わしいことは、性はある種の遺伝的若返り機構だという説である。この議論の根拠となっているのは、ある繊毛虫（ゾウリムシ）についての観察結果である。ゾウリムシは何の性的関係ももたずに、直接、体細胞分裂によって増殖する。こういうゾウリムシの集団は数ヵ月しか生きられないが、有性的な接合を好む、彼らの親類だけは限りなく生き続ける。しかし、若返りをさせているのは性なのだろうか？　必ずしもそうではない。有性的接合の備えができているのに、相手がいないゾウリムシは、自家生殖とよばれる「自己交配」過程を経験する。この単細胞の二倍体核は減数分裂をして、子孫として四つの一倍体核をつくる。まったく同一の細胞に由来する、これらの核は、性の相手が全然いないときには、たがいに融合する。それに続いて体細胞分裂による増殖が起こる。こうしてできる、完全に同系交配系統のゾウリムシたちは、両親の性によって接合で生まれた親類たちとまったく同じ長さだけ生きることができる。そして、このような自家受精によって、ゾウリムシは完全に同型接合体*となる――遺伝的多様性――性によってもたらされ、性をもたない方が速く増殖できるにもかかわらず、生物が性をもつ理由としてよく引き合いに出されるもの——は、それによって増大するのではなく、減少する。しかもなお、これによってゾウリムシは活力を得、若返り、ふたたび何世代にもわたって無性的な増殖を行えるようになる。

少なくともゾウリムシの若返りにとっては、明らかに、交配や性を通じて遺伝子を受けとること以上に重要なことがある。新しい遺伝子ではなく、減数分裂、すなわち細胞当たりの染色体数を減少させる複雑な過程が、その系統のゾウリムシを滅亡から救っているのである。だから、同一の単独の親の中で起こる場合であっても、減数分裂とそれに続く融合が不可欠なのではないかと考えられる。若返りの鍵を握るのは、細胞レベルでの減数分裂と融合であって、必ずしも二つの親をもつ性なのではない。

新しい動物や植物の体ができるときには必ず、減数分裂と、それに引き続いて一つまたは二つの親に由来する核どうしの融合がくり返し起こる。有性生物が生まれ、維持され、増殖するためには、減数分裂と受精が不可欠である。性をもつプロトクチスト、植物、および動物は、絶え間なく代謝を行う複雑な体をもっており、体の歴史の中には、性細胞の融合と、減数分裂による二倍体性からの解離が深く根ざしている。熱力学的にも、遺伝学的にも、減数分裂は肉体という、この繊細で、はかない構造を成長させた基礎である初期条件をふたたび設定する過程なのである。減数分裂性有性生物——交配性プロトクチスト、真菌のうちで接合菌類、子嚢菌類および担子菌類の大部分、それにすべての植物と動物——については、「青写真に立ち戻る」必要がある。核の融合が発生過程を開始させ、減数分裂が融合を解離させて、次の世代でふたたび融合が開始できるようにしている。体制が複雑になればなるほど、組み込まれている部品の数と多様性が増せば増すだけ、融合によって「最初にスタート」し、減数分裂によって融合を解離することに、より厳密さが要求されることは明らかである。

肉体がより分化し、複雑になるにつれ、進化的時間の流れの中で、自己修復や再生の能力は失われてゆく。変形菌類はその変形体のうちの大きな部分をちぎられたり、除かれたりしても平気で、いぜんとして動き、食べ続ける。彼らは、全体が単一の細胞と融合したり、あるいは変形体全体と合併したりする、変わった手段で大きさを増してゆく。ポリプ、ヒトデ、ヒラムシなどの海産動物は、切りとられた部分から体の大部分を再生する。カニ、ロブスター、それに多くの昆虫たちは脚を失っても、それを再生する。トカゲやサンショウウオのような、いわゆる「高等」動物[7]でさえも、失われた脚をふたたび生やすことができる。しかし、われわれ自身、イヌ、ネコのような霊長類や肉食類は、ごく特別な組織の更新や限られた範囲の傷しか治すことはできない。われわれの存在が危機に瀕している最大の点は、自分自身を全体として再生させるには、個体としての意識をもって、性を実践し、死ななければならないことである。

褐藻、多くの水かびと珪藻、大部分の真菌、植物、そして動物が、各世代ごとに、祖先の行っていた融合へ戻る必要があることは、子供がアルファベットを暗唱するには、何時も「A」に戻る必要があることに似ている。二重性をもたらす融合と、その状態を解離させる減数分裂からなる周期的性質は、肉体が発生するさいに展開する、一種の濃縮された時空連続体としてとらえることが可能である。歴史的システムは、平衡系どころか、不可避的に破滅へ向かう傾向をもたないという点で、近平衡系とも異なる。歴史的システムは、むしろ、別々の歴史に由来する、一連の作用を順ぐりに回転させることによって「自己」を維持している。通り道は確立されていたし、歴史システムはそれぞれの生物の中にとり込まれたのだから、何度でもくり返すことが可能なのである。生理学と記憶はともに、生物体の中に、その歴史的軌道を独特の詳細さで残している。生命システムの歴史は、知らず知らずのうちにふたたび現れる。歴史は生物体によってしまい込まれ、おそらくは忘れられているが、失われてはいない。現在再利用されている性的融合とそれに続く減数分裂は、もともとはそれらが祖先をとん死から救ったことで進化した。現在が依存している歴史の通り道は、以前にも使われたに違いない。非生物系に比べて、生物が凝ったつくりをしているのは、彼らが風変わりな、何十億年という長さの歴史に彩られているからである。

減数分裂的性においては、複雑な体をつくるのに必要な初期条件を奪還するためには、常に受精の本質である核融合を必要とする。生活環のある時点で受精が起こることを確実にするには、二つの相補的な性をもつ実体の中に、化学物質の媒介によって何かを起こす必要がある。結局、減数分裂と周期的細胞融合は、生きてゆくために妥協の余地なく必要なものとなった。減数分裂は、二親性*の性を迂回する多くのプロトクチスト、植物および動物においてさえもみられる。多親性あるいは二親性の性をもつ生物の系統の中には、株や種によっては、一親性になってしまっているものもある。しかし、その単一の親の中で、減数分裂と核融合がいぜんとして行われる。このことは、減数分裂と受精が、現在の個々の生物の発生にとって、過去にこれらの生物ができるときと同様の重要さをもつことを意味している。おのおのの種は、遺伝子に支配された物質の組織化の結果である、高度に特異性のある形態を、自然に生ずる個体変異以上の変異を交えずに次世代へ伝えることを、有性生活環をくり返すことによって確かなものとしている。われわれが一つの生物をみて、それが有性プロトクチスト、真菌、植物あるいは動物のどの種であると見分けられるのは肉体、つまり生命の組織形態が違うからである。その肉体を正確な形態へと「閉じ込め」ているのが性である。われわれのプロトクチストに基礎をもつ「垂直的」性では、融合核が分割され、次世代へ渡されるが、これは（第2章でのべた、奔放な遺伝子転移による細菌の「水平的」性とは対照的に）自己にとって不可欠なものである。減数分裂によって保存された周期的秩序の開始点は交配と細胞融合である。減数分裂によって保存された周期的秩序の終結点は老化と死である。

減数分裂的性と組織レベルの多細胞性、これらは二つの大きな胚をつくる生物群（植物と動物）の刻印であるが、両方とも進化的起源はプロトクチストにある。ツボカビとよばれる有性的なミズカビ類は、二つの遊泳性の精子様配偶子が融合すると発生を始める。これらの生物はおそらく、非遊泳性の真菌の祖先だったのであろう。有性的な組織形成性の緑色の藻類（緑藻類）は多分植物の祖先だったであろう。動物性鞭毛虫のような、小さな有性的プロトクチストは、おそらくヒドロクラゲ、カイメンなど原始的な卵――精子性、胞胚形成性海産動物の祖先だったのであろう。動物が出現したのは、五億四千万年以上前の原生代の終わりである。減数分裂の進化は、動物、植物、真菌類では、複雑な細胞や組織の分化と対応しており、この頃に進んだに違いない。動物、植物、真菌類は各世代ごとに、増殖能力のある単一の二倍体核へ戻る。われわれも受精卵へと戻る。減数分裂、とくに前期Iとよばれる染色体DNAを並べる段階は、植物や動物の胚が発生を始める前に、ミトコンドリアや葉緑体の遺伝子を含め、一連の遺伝子を確実に整頓する、一種の「点呼」の過程なのかもしれない。ゾウリムシを若返らせるには、一親性の減数分裂で十分だと前にのべた。融合的性をもつ、あらゆる生物において減数分裂が維持されているのは、おそらく、この過程そのものが生物の生理と、発生と、そして生存に不可欠だからであろう。複雑な減数分裂性生物が生殖を行うときには、彼らは受精の前提として、減数分裂をふたたびくぐらなければならなかった。

ここにのべた性の起源についての考えは、進化における性の役割として一般に教えられているものとは違う。たいてい細菌の性はないがしろにされ、二親性が進化の上で鍵を握ったと考えられている。しかし、細菌の性が決定的役割を果たしたのに対して、二親性は決して直接的に選択されたものではないことを示す証拠がある。細菌の性はDNA修復機構に手を加えたものであり、このお陰で細菌は、われわれが風邪をひくのと同じくらい簡単に新たな遺伝子を受け入れることができる。酵素を介したDNA修復という細菌の遺産は、動物や植物の減数分裂前期Iで再登場する。細菌の性の過程がなかったならば、動物や植物の減数分裂的性は決して進化することはなかったであろう。したがって、減数分裂にとってDNA修復機構は決定的意味をもった一方で、減数分裂的性の二親性、両性的側面は後になって現れたものである。動物においては、それは進化的遺産である。例えばワムシ類では、何百という河口産、海産、淡水産を含む、この分類群のすべての種が二親性を敬遠している。それでいて、これらの動物は進化的繁栄度においても、多様性においても、少しの損もしていない。これらの動物において正に選択されたのは複雑な組織と器官なのであって、性ではない。これらワムシ類や、多くの場合に二親性の先を行っている、その他の動物も減数分裂を捨て去ることはなかった。そうしたくても、できなかったのである。

人間の男性も、ワムシの雄のように、進化的に不要なものとなるのだろうか？　確かに、女性の卵をクローン化すれば、原理的には、われわれのもつ二親性のサイクルを出し抜くことはできる。しかし、そのような女性でも、減数分裂と受精を全面的に捨て去ることが可能かというと、それは疑問である。これら勇敢な母たちは、むしろ自己受精の途を選ぶであろう。彼らの一倍体の卵には、おそらく自己融合によって養分を与えることが必要であろう――つまり、卵核を、雌自体の体に由来する別の一倍体核のように、卵と同等のものに受精させるのである。事実、雌ばかりからなるワムシで、現在行われているのはこれである。

赤の女王の頭を離れて

なぜ、これほど多くの生物が性をもつのかということを問題にする進化生物学者が、好んで引き合いにだすのは、スナトカゲや雌だけからなるワムシなどの稀少の種――実際には単なる集団――である。これらの動物は、「正常な」性別をもつ種には普及している、有性生殖という面倒な事業を行わないですませている。[8] 進化生物学者が問うのは、なぜ、雌だけの「種」が両性をもつ隣人たちにとって替わらなかったかである。理屈の上では、すべてが生殖可能である雌が雄（原理的には、単独では生殖を行えない）と入れ替われば、平均して二倍の生殖が可能のはずである。有性生物は本質的に可変的だから、速やかに変わりゆく環境によりよく適応している、というのが教科書的解答である。しかし、教科書的設問も、待ってましたとばかりの、それへの解答もともに誤解のもとである。

米国南西部の雌だけからなるスナトカゲは、みかけの上では「性を喪失」していて、交わるべき雄を失い、雌どうしの「疑似交尾」を行うが、じつは性を潜在的には保持している。減数分裂や受精など、他のふつうに両性をもつ種が行っていることが、彼らの細胞にも起こる。性は決して完全に失われたのではない。これらのトカゲは無性的なのではなく、単一の性別をもつ一親性動物なのである。性をあたかも単一のプロセスのように考えることの問題点がここに露呈する――一方の性、雄、を失うということは、減数分裂と受精からなる性のサイクルを失うということとは根本的に異なる！　これらのスナトカゲの卵巣では、雌性の一倍体細胞が融合して、胚へと発生する能力をもつ雌性二倍体細胞を形成する。

標準となっている主張を、もう少し詳しくながめてみよう。交配の相手をみつけるには時間とエネルギーを費やさなければならない。そこで、性なしに生殖を行えれば、時間とエネルギーをむだにしないですむから、そのような生物が選択されたのだと、生物学者は考えてきた。この論理によれば、自然選択のもたらすものは、単純にふつうの体細胞分裂で増殖する生物ということになる。性がなくて、体細胞分裂だけならば、出芽や等分割だけで新たな体がつくられる。動物学者が進化をのべるときに使う（われわれの見地に立てば誤用だが）

経済学用語によれば、性の「コスト」——相手をみつけ、染色体数が通常の半分の性細胞をつくり、これらの活動に投資される時間——は、どうみても、それから得られる利得と釣り合いがとれていない。この明らかなジレンマを解くために、性そのものが利益をもたらすに違いないと推論する生物学者もいる。性は子孫の多様性を増大させるから維持されているというのが、この説に有利な一つの示唆である。この多様性のせいで、変わりゆく環境に対して、有性生物の方が性をもたない仲間よりも速く適応できるのだと主張される。生物自体も——寄生者、捕食者、競合者のように——環境の重要な要素であるから、性的多様性は性的多様性の増大を招くのだと、推論はさらに進められる。このような考え方は多くの教科書や一般向け書物に織りまぜられているし、赤の女王仮説という耳ざわりのよい名前さえ獲得している。『不思議の国のアリス』で赤の女王は次のようにのべられている

……あまりに速くて、「アリス」は彼女についていくのがやっとだった——それなのに女王は「もっと速く！　もっと速く！」と言い続けた。しかし、アリスはもうこれ以上は速く走れないと思ったが、息切れのあまり、それを言えなかった。もっとも不思議だったのは、彼らの周りの木々も、それ以外のものもまったく変わらないことだった——どんなに速く走っても、何かを追い越したように思えなかった……まだ少し息を切らしながら、

アリスは言った「私たちの国だったら、こんなに長いこと、こんなに速く走ったら、ふつうはどこか別の場所へ行ってしまいますわ」

「まあ、のんびりしたお国だこと！」と女王は言った。「ここでは、同じ場所に居続けるために全速力で走るのよ。お分かり？ もし別の場所へ行こうと思ったら、少なくともそれの二倍の速さで走らなければならないのよ！」[9]

性が生物多様性を増大させるという赤の女王仮説は、性を単一のプロセスとみなす考えに基づいているから、おそらく仮説とさえも言えないであろう。性は、速やかに変化する環境と歩調を合わせられるように多様性をもたらすから重要なのだという主張は、データとは矛盾している。有性的なワムシは、雌だけの集団中の一親性のワムシに比べて、より多様でも、適応的でもない。変化する環境の中で生き残り、進化するためには、性に助長された多様性が必要であるという概念は実際の証拠と矛盾している。ハーバードの生物学者マシュー・メーセルソンは分子生物学的方法で、一親性（無性的）ワムシと、それと類縁のある二親性（両性的）ワムシを比較し、雌だけのワムシの方が対立遺伝子の違いが三〇〇倍も大きいことを示した！[10] ヒルガタワムシは数百種が記載されているが、その中には、精子細胞も、雄も、あるいは受精という現象さえも目撃された種は一つもない。一親性（雌だけ）のワムシの集団が多いということ自体、遺伝性の変異が非常に多いことの証拠である。一親性の生物は、自然選択の対象となる変異を多量に生みだせるようである。しかも、ボレリア（ダニでみつかるライム病のスピロヘータ細菌）やトリパノゾーマ（熱帯性のプロトクチスト、血液に感染する寄生者）の細胞膜には表面抗原の速やかな変異が自発的に生成する。これらの生物において、薬剤耐性の表面変異体がさかんに生みだされるということは、性などまったくなくても、増殖することは、常にアイデンティティを確保するどころではなく、遺伝性の変異を十分に生みだせることを示している。いかなる性――種を超えた遺伝的組換え、性的融合、あるいは減数分裂――もなくても、変異はたくさんに生みだされる。赤の女王という考えは、単に動物学上の一つの寓話につけられた、気のきいた名前であるにすぎない。

実際には、突然変異、共生創生*、それに生理学的ストレスなどまで含む多くのプロセスが、変異、つまり識別可能な生物の違いを生みだすことができる。有性生殖もまた、これらの変異創出法の一つである。しかし、同一の環境条件下で、二親性で増殖するものと、それと同じタイプだが、二親性なしに増殖するものとを定量的に比較するという決定的実験はなされたことはない。実際は、圧倒的多数を占める有性種に性を失わせ、しかも生かしておくことは不可能なので、このような実験は実施できない。したがって、性はそれを欠く場合に比べて変異を増大させるということを、どうのべてみても、それには根拠がない。プロトクチストやワムシの場合のように、二親性が実験的に操作可能なときは、性を抑えるように環境条件を変えなければならない。そこで、結論として言えば、性による変異の創出は、他の方法による変異の創出と直接的に比べられるものではない。受精と減数分裂による性は、大型生物が生きていくうえの至上命令として、避けては通れない位置を占めている。初期の動植物へと進化したプロトクチストたちが、周期的に行っていた勾配解消の過程が、必然的に彼らに性をもたらしたのである。

減数分裂というしがらみ

有性個体は、なぜわざわざ相補的な性をもつ相手を探しだしてまでも、自らの遺伝子を薄めようとするのだろうか？　われわれの説明は簡単である。他に選択の余地がないからである。冬の寒さと夏の渇きを生き抜くためには、性に頼るしかないからである。太陽系の勾配解消過程の一翼をになう以上、彼らは性的融合に精を出さざるをえない。

性というものが動物の存在とどう絡み合っているのか、すべての道筋がわかっているわけではない。あまりに多くの生物学者が誤った考えをもっているのだが、性は直接的に選択されたものではない。性はむしろ、われわれ複雑な真核生物が現在のような形になるまでたどってきた道程の一部なのである。二親性の交配、減数分裂、そして受精は動物の奥底深く埋め込まれており、それらの歴史は、細胞が季節に合わせて二倍化（受精）し、引き裂かれ（分裂）ながら、多細胞生物の成長と生殖を進化させたときまでさかのぼる。動物の性は、やがて胞胚になる、新しい、増殖力に富む卵をつくるのにふつうは不可欠だから、根こそぎ失われるということは決してない。二親性の性の働きは減数分裂の過程と非常に強く結びついているために、動物、とくに哺乳類においては、それが安易に捨てられることは決してない。植物、真菌、およびプロトクチストでは、性別というものは、これよりはるかに不安定である。融合的性における、多くの根本的多様性がこれらでは生きのびている。このような違いのある根本的理由は、植物、真菌、およびすべてのプロトクチストに対しては、生殖に到る別の途（例えば、有性的な花をもたず、体細胞分裂だけで増殖するアオウキクサ、体細胞分裂でつくった胞子をばらまくペニシリン菌等々）が開かれているからである。

多細胞であり、性をもってはいたが、初期の脊索類――われわれと同じ門に属する動物たちの祖先――は、体内にリン酸カルシウムを沈着させるしくみをまだ進化させておらず、骨格系という形での構造支持体をもっていなかった。それでも、彼らは脊索という軟骨質の支持体をもっていた。脊索は、後になって脊椎骨に置き換えられるものだが、これが背中側を頭から尾まで伸びていて、それに含まれた神経繊維が生殖器と脳を連絡していた。古代の脊索類も射精によって精子を放出し、また卵黄に充たされた、定着性の卵をつくっていたことは疑いない。

どんな種でも、雄は特別な化学信号に惹かれて、自分と同じ（別ではない）種のうちのいくつかの雌をセクシーであると感じる。たくさんの雄から、しばしばありあまるほどの精子を浴びせられても、たいていの卵はたった一つの精子の細胞だけを中へ入れ、その核と融合する。統制のとれた、組織分化した動物体になるためには、世代ごとに、このような性的差が必要とされる。動物の多細胞体制は二親性の上に成り立っている。個体発生――受精卵、つまり接合子から成熟した親への発生――では、あなたも兄弟姉妹も祖先の来た道を歩き、祖先の泊まった性の宿に泊まる。なぜならば、生き抜くために、あなたの祖先はすべてそこに泊まらなければならなかったからである。よく踏み固められた道であっても、泊まる宿がなければ、この危険な旅行は不可能である。

言い換えれば、動物というものは道に依存している――祖先の歴史上にあった特定の出来事をくり返すことに依存している。今日、減数分裂、性別の形成、および受精からなる過程を通過しなければ、アルマジロも、ヤモリも、人間の赤ん坊も生まれはしないし、生きてゆくこともできない。精子と卵の合体という「出発点」へ戻るまでに、現生人類への循環路は、性の九十九折れを通らなければならない。核をもたず、したがって染色体ももたない赤血球と、一セットだけの染色体をもつ卵や精子を別とすれば、われわれの身体のほとんどすべての細胞は、最低二セットの染色体をもっている。われわれの細胞のおのおのは、母親と父親の核からの遺伝子を組み合わせてもっている。われわれは本当に骨の髄まで減数分裂的であり、性的なのである。

4

死の接吻——性と死

大衆にとっては、売りものの無秩序であり——
類まれな目利きには、抑えがたい満足であり——
誠実なもの、そして愛し合うものには、苦悶に充ちた死である！
——ランボー

性―死の結びつき

性の進化は悪魔との契約のようなものである。融合的性、すなわち受精とそれに続く減数分裂が、生物に季節を何度もくぐり抜けて生き残ることを可能にした。性は動物に、受精卵から精巧で複雑な多細胞の肉体をつくらせる。しかし、アイデンティティを超えるという恍惚――われわれをたがいにつなぎ、われわれを超えた新たなものをつくらせようとする性欲――の代価は高い。細胞レベルにおいては、性はおそらく七億年にわたって死と結びつけられてきた。親の肉体は死ななければならなかった。動物における性の進化は、彼らの肉体の死へ向けての老化を伴っていた。合図を受けての死、スケジュールどおりの死、すなわち、いわゆるプログラム死は、融合的性が単細胞で始まって以来、その本質的部分であった。芸術が性と死をロマンチックに結びつけるのは、現実の進化の歴史の反映である。

不思議に思えるかもしれないが、われわれが当然のことと思っている老化と死――そして、何時かはそれらを迎えることを思うと、大変悲しくなるもの――は、生命の起源の頃や、その後の何億年もの間は存在しなかった。哺乳類でみられるような老化、体力の衰弱、そして死が最初に進化したのは、繊毛虫（有性の単細胞微生物）の祖先である古いプロトクチストにおいてであった。この小さな単細胞生物は、少なくともその核が生き抜くためには性的融合を行わなければならなかった。性的融合は生命という時計をリセットし、老化の出鼻をくじくことであった。これらの微生物の子孫たちが、種形成を行える動物体を進化させた。子供の時代以来のわれわれの精神的な生の営み――自らの差し迫った死を、脳の働きに基づいて自覚することも含めて――は、性的抱擁によって合体したプロトクチストのもっていた成長しようとする性質から、後日生まれでた結果である。嚢子などの耐久性の接合体となり、融合核をもつ細胞がクローンとして増殖したことが、生命に多くの、新しい可能性を拓いた。すべての動物、そして大部分の植物と真菌類の示す成長のパターンは、プロトクチストたちが、もとの非融合（一倍体）状態へ戻る前に一時的にではあるが、融合（二倍体）状態で増殖したときのパターンと同じである。すべての植物、とくに、一倍体相と二倍体相が別個の小植物として存在するコケとシダで顕著なのは、彼らの体（配偶体とよばれる）が非融合状態で成長することである。これは、男性の精子や、女性の卵がまったく自分だけで、小さな、染色体を一セットだけもって摂食と排せつを行うものへ育つ――精子や卵がまったく自分だけで、多細胞の個体へ育つ――ようなものである。有性生物では、非融合的単一（一倍体）状態での成長は、融合した二重（二倍体）状態での成長と常に交互に起こる。他に選択の余地なく、常に祖先の状態へ戻るということは、融合状態が一時的なものでありうることを示唆している。人間にとっては、融合状態で成長するものとは、われわれの将来の死を理解し、われわれに生きることの意味を探し求めさせる能力をもつ脳を備えた、われわれの肉体に他ならない。

長い文化の歴史によっても、性と死は結びつけられている。生物学の現実をも含め、現実は本質的に欺瞞的性格をもつというヒンズー教の教えに影響を受けて、ドイツの哲学者ショーペンハウエル（一七八八〜一八六〇）は、異性が魅惑的にみえるのは、彼の言うところの「種の資質」を不滅なものにしようと考案された根源的幻想なのだという考えをもった。だから、誰が誰とくっついた、くっつくはずだ、くっつきそうだ、くっつくかもしれないという類のゴシップはすべて、実際は、次世代にどんな遺伝的構成の子供たちができそうかと想像することであった。われわれが自分自身のことと同じくらい、あるいはそれ以上に性や、恋愛や、自分の子供たちのことを気にかけるのは、おそらく自分の頭でっかちの肉体は死ぬ運命にあるが、自分の遺伝子はプロトクチストみたいな精子と卵という容器に納められて、不滅性をもっているからなのだろう。中国生まれの物理学者で、アマチュア天文学者のはしり、そしてウパニシャッド（ヴェーダ、すなわち古代サンスクリットの聖典の哲学的な箇所）の研究者でもあるジョン・ドブソンは、こう述べている——

遺伝的プログラムを作製するときにもっとも重要なのは、負のエントロピーの流れをわれわれに向け、遺伝的血統を伝えることである。だから、われわれは自らを行為の実行者であり、その果実の享受者であると感じるのである。それは遺伝的幻想にすぎない。遺伝子たちは、その指図に従えば、不変という平和、無限という自由、そして引き裂かれないという至福に到達できると、われわれを説得している。彼らには与えるべき何ものもない。われわれは引き裂かれなくてはならない――われわれは家族を得る。あなたはそれに気づいていたに違いない。[1]

ドイツの詩人であり、科学者であるヨハン・ボルフガング・ゲーテ（一七四九～一八三二）の『若きウェルテルの悩み』は、得ることのできない女への望みのない惑溺のあまり、自らの命を絶つ男の物語である。この物語は人々の恋愛へ憧れる傾向を助長し、ドイツの田園地帯では、若者たちがロマンチックな英雄となることを競って、自殺へと駆り立てられた。オーストリアの医者で、心理分析学の創始者であるジグムント・フロイト（一八五六～一九三九）は、幼児期おける性的イメージの潜在意識上の重要性を強調した。生涯の一時期には、彼はあらゆる心理学的作用の原因を二つの大きな動機に求めた。一つはエロス、すなわち性的動機、もう一つはタナトス、すなわち死的動機である。性―死の結合は、聖書のイブの話にもみられる特徴である。イブは蛇に化身した悪魔の誘惑に負け、二人してエデンの園から初めて追放され、原罪のゆえに優美な不死性から現世的欲望と性へと、人間性の堕落を経験した。創世記の古い物語から近頃のスパイ映画に出てくる妖しい女の話まで、性と死は何時も親密な関係にある。

これは偶然の一致なのではない。一般のイメージの中で性と死が結びつけられているのは、生命のあり方そのものの反映である。一倍体微生物がむかしもっていた、生きのびるための合併戦略の進化的遺産として、性と死はしっかりと織り交ぜられているのである。進化は保守的性格をもつから、最初の頃から——植物、動物、真菌類が進化してくる以前から——それらの微生物の子孫では、性と死は結びついていた。有性生殖を行う生物が個別の個体として存在するのは、限られた時間だけである。性と死の結合は細菌にはないし、アメーバ、ミドリムシなどの非性的プロトクチストにさえも存在しない。細かく分かれることで増殖する、これらのプロトクチストは、原理的には不死性をもっている。二五万種いると推定される現生のプロトクチストの中に、増殖のために性的融合を必要とするものは一つもいない。褐藻や紅藻など多くのものにとっては、性は極端な気候条件に耐えられるように発生を変化させるための引き金として存在する。大部分のプロトクチストは、生き抜くためだけに性に携わっている。日向と日陰、暑さと寒さ、湿りと乾きという自然の季節的変化を通じて環境から脅かされると、プロトクチストは応答する——彼らは相補的な性別を発達させる。それはときには二つではなく、何ダースになることもあり、それらはたがいに惹かれ合う。

性なしの一親性の増殖――細菌の分裂、およびその後のプロトクチストの体細胞分裂――は、最初の二〇億年間は地球上の生物にとっては当然のことであった。がん性腫瘍、うみの溜まった傷口、細菌の感染などでみられる、われわれが寒気を覚えるほど気味悪く思う激しい増殖こそが、生物が元来性をもたないときの増え方だった。細胞分裂による、そのような奔放な生殖と成長は、性という新機軸が導入されると抑えられ、時代遅れとして改善を加えられた。融合して二重性をもったことによって、ある部分の細胞は余分で、必要のないものとなった。季節によっては、それらの死は避けがたいものとなった。自己破壊、あるいは優先的増殖の経路が入念に進化し、細胞当たりの染色体や、葉緑体や、ミトコンドリアの数が調節され、その結果、二重性怪物である融合細胞の生存は確保されるようになった。細菌の分裂とその他の細胞の体細胞分裂（非融合状態）は、むかしも今も、成長と増殖をひとまとめにしたものである。偶然から始まった、たまに起こる周期的融合は、途方もない結果をもたらす可能性があったので、コントロールされる必要があった。結局、その周期的融合が老化とプログラム死の原因そのものとなった。

十分なエネルギー、食物、水、空間があれば、すべての細菌と多くのプロトクチストは今でも不死性をもっている。彼らは際限なく代謝し、増殖する。彼らはＤＮＡなどの細胞の構成成分を二倍に増やし、二つの子孫の細胞へと分かれる。熱力学的にみれば、その本質的単純性から、細胞が分裂しようとする衝動は何ものにも妨げることはできず、生命は拡大する一方である。本質的には死骸はないし、死もないし、ドイツの哲学者マルチン・ハイデッガー（一八八九〜一九七七）がのべたように、必然的に「死へ向かう実体」も存在はしない。一つの細胞から二つの細胞ができる。もし、それら子孫の細胞が一ところに留まれば、それが肉体、さもなければがんの始まりである。もし、分裂後に、二つが別の途を歩むのならば、われわれはそれを細胞の増殖とよぶ。ここでもふたたび、死を見いだすことはできない——死骸も死体もないからだ。その替わり、むしろ継ぎ目のない過程によって、前にはただ一つのものがあったところに、二つの新しいものができる。間断なく行われる細菌の二分裂やプロトクチストの体細胞分裂は、進化科学の基礎となる事実である——成長と生殖への衝動は、われわれが微生物から受け継いだ絶対的遺産であり、それは制止しようもない。ただ一つのの親の細胞が二つの細胞を生みだすとき、その親は死ぬのではなく、二つに分かれるのである。これと対照的に、有性の「個体」——肉体が成長し、成熟し、必ず死ぬというプロトクチストから受け継いだ遺産——が進化したのは比較的最近、この一〇億年以内のことである。生物の個体全体がプログラムされた、予知可能なかたちで死ぬということは、細菌では進化せず、その後継者のプロトクチストにおいて進化した。すべてのプロトクチストは

――少なくともときどきは――直接的な一親性分裂によって生殖を行う――体細胞分裂による生殖である。しかし、決してすべてではないにしても、いくつかのものは、減数分裂的性によって受精的融合を行って、季節的な難局を切り抜ける。われわれの祖先の一つと考えられているのは、このような連中である。

古代の細胞死

細胞の死には二つの種類がある。第一は進化的により古いタイプで壊死*とよばれる。これは避けることのできる死である。壊死は偶然に起こる、外因的なものである。第二はアポトーシス*で、これは内部からの死、分割払いの死、そして不可避的に起こる死である。アポトーシスは自殺の細胞版であり、おそらく、アポトーシスは、小ぎれいで豊かな多細胞体をつくろうとする、増殖と死からなる選択圧によって拡がったものであろう。胚が大きくなるときの個別の部分の発達は、成長と体細胞分裂による細胞の増殖によるだけではなく、プログラム細胞死によっても推進されている。死神も満足しているのである［図版8］。

初期の細胞たちは、遺伝的には死を予定されていなかった。壊死では、細胞は機能を続けようと全力を尽くす。細胞は死に抵抗し、自分を殺そうとする力に対して自らを維持しようとする。ヒトの体細胞は外部からの脅威にさらされると、壊死の悲劇を避けようと、激しくそれに抵抗する。ヒトの細胞は、周囲のリンパ液や血液からの養分の不足や毒物によって修復不可能な障害を受けると、短時間のうちに壊死を起こす。飢え、渇き、その他の欠乏にさらされると、カリウムイオンを汲み入れ、ナトリウムイオンとカルシウムイオンを汲み出すポンプの駆動に必要なエネルギーが不足する可能性がある。そうなると、細胞の膜を通って水がどっと流れ込み、欠乏状態にあった細胞は破裂し、壊死する。壊死は暴力的に押しつけられた死であり、起こらなくてもよい死である。必要なときと場所に食物とエネルギー物質のATPが十分に供給されていれば、細胞は死ななくてよかったはずである。細胞膜を完全な状態に保つには、絶えず膜を修理し、イオン・ポンプを監視している必要がある。細胞が壊死するときには免疫系の大食細胞*（ギリシア語の「大食漢」に由来する）がその場に引き寄せられる。大食細胞は警官のような細胞で、壊死した犠牲者の遺骸を調べ、飲み込み、運び去る。大食細胞は、繊維芽細胞とよばれる近くの細胞に傷口（ときには、肉眼でもみえる組織の傷口）をふさがせる。壊死は予知不可能な細胞に起こる突発事故であり、近くの生き残った細胞たちもその影響を受ける。

アポトーシスはこれとは違う。アポトーシスはプログラムされた細胞死である。壊死が殺人であるとすれば、アポトーシスは奇妙なタイプの自殺である。それは選択の自由のない自殺――性をもつ肉体が常態を維持するために必要な、不可避であり、当たり前の自殺である。有性生物の構成成分としての細胞はすべて、自然によって課せられた自らの増殖の限界を甘んじて受け入れている。大部分は一定の世代数だけ分裂すると、それを停止する。生活史のある時期に、予知可能な方法で積極的に自らを滅ぼす細胞はアポトーシス細胞とよばれる。「負の空間」――美術教師が生徒に注意を集中するように言う、モデルの周囲の何もない空間――のように、アポトーシスによって消え去る細胞は、生物体の残る部分に輪郭を与える。例えば、ヒトの胚では、発生の間に、指の間に水かきを形成していた何百万という細胞がプログラムされた死を迎える。

プログラムされた細胞死

アポトーシスでは、細胞は決して外からの何らかの力によって殺されるのではない。核が壊れると、そこに含まれていたDNAはしとやかに解体する。アポトーシスという言葉自体、花から花びらがひらひらと落ちる場合のように、「散る」という意味をもつギリシア語の単語に由来をもっている。アポトーシス細胞を顕微鏡で観察すると、その死は威厳に充ちた正確さで起こるのがわかる。アポトーシスは穏やかな死である。死への指示は、核内のDNAから細胞質へ向かって発せられる。RNAとして出された通告はタンパク質、つまり酵素へ変換され、それが次には、発信元のDNAを短い断片へと切り刻み始める。遺伝子がずたずたにされたので、そのＤＮＡはもはや情報の意味をもたない。いったん長い鎖のＤＮＡが短い断片へと切断され始めると、もう後戻りはできない――細胞は死ぬだけである。脳の電気的活性を欠いた昏睡状態の患者のように、細胞はしばらくは生きて、タンパク質の合成を続けたとしても、あらゆる望みは失われているのである。

　アポトーシスが進化したのも、減数分裂的性を発明したのと同じ生物、つまりプロトクチストにおいてであった。今日、ゾウリムシの古い大核はオートガミー*（自家生殖）や有性的接合のさいに穏やかに死に、新しい大核の発達のために道を空ける。トリパノソーマ――大型動物の体内に住み、その血液などの組織から食物やエネルギーを得ている、小さいプロトクチスト――は、よく発達したアポトーシスを示す。この小型遊泳者にプログラム死が起こる最初の徴候の一つは、形が丸くなることである。小さなトリパノソーマ細胞にいくつもの穴が空く。トリパノソーマの核の内部では、クロマチン*（染色体をつくる物質）が固まり始める。特異的酵素によって、規則正しく切断された染色体ＤＮＡの断片が周囲の液へと放出される。遊泳性のトリパノソーマは昆虫に感染しているものが多い。彼らが生き抜くためには、ふつうそれらの動物の組織に付着している必要がある。昆虫が何かを咬むと、それによってトリパノソーマは相手の体内へ入り、そこで分裂によって増殖する。しかし、トリパノソーマの中には動物と接触できず、それへ感染できないものも多い。そのようなトリパノソーマがアポトーシスによる細胞の自殺を行う。昆虫や哺乳類の体内で、このように複雑に分化した生活相を営み、十分に発達したアポトーシスを行っているトリパノソーマでありながら、彼らには減数分裂による性も、その他のどんな融合的性も存在しない。このことは、アポトーシスが受精‐減数分裂からなる生殖周期の以前に進化したものであることを示唆している。アポトーシスは、周期的環境の変動に応答するものとして、減数分裂的性が普及するより前に、初期のプロトクチストにおいて進化したものなのではないだろうか。

アポトーシスは他の生物種でも知られているが、その過程がもっともよく研究されているのは、ヒトの組織を含む哺乳類においてである。動物の体内で、アポトーシスを起こす細胞は、まず近隣の細胞との接着から離れる。細胞の膜は泡立つように波を打ち、次には破れ、断片となって消えうせる。ばらばらになった細胞のかけらはアポトーシス小体*とよばれ、それにはリボソームやミトコンドリアなどの細胞小器官が含まれている。哺乳類の組織中で、アポトーシス小体をとりまいている細胞は、壊死という緊急事態のときとは違って、局所的に起こったアポトーシスには応答しない。警報は鳴らない。細胞が半狂乱で壊死する場合とは違って、アポトーシス細胞をとりまく組織間隙が拡がることはない。免疫系へ化学的信号を出す白血球で組織が満たされることもない。組織は、自分の中でプログラム細胞死が起こっても、泰然自若としている。炎症も起こらない。膜に囲まれたアポトーシス小体は、滞りなく生体物質として再利用される――DNAやタンパク質部分は分解され、ふたたび合成に使われる。周囲の細胞や、近隣の大食細胞は養分になる残存物を飲み込み、消化する。組織は自分の中でアポトーシス細胞が静かに死んでも、もとどおり元気なままである。プログラムされた死は、毛が抜けるように、あるいは月経の出血のように、自然の営みの一つである。プログラム死は、肉体――動物、植物、真菌の区別なく――が生きてゆくのになくてはならないものである。

自己破壊

C・エレガンス（*Caenorhabditis elegans*）という種名をもつセンチュウは、小さくて、ぬるぬると這い回り、透明な体をもち、庭園などでふつうにみられる回虫の仲間である。科学者にとっては幸いなことに、彼らは生きたままで、外被、つまり体のカバーを通して、筋肉や神経細胞を顕微鏡で観察することができる。彼らが今、地球上でもっともよく研究されている動物の一つであることも納得できる。このセンチュウの親は体長一ミリほどで、のたうって移動しながら細菌類を食べる。受精卵は三日間で親になる。親の体を構成する細胞の数はぴったり九五九個である。センチュウの成熟する過程では、この他にも一三一個の細胞が現れるが、これらは親になるさいに死滅する。それはプログラム細胞死による死である。

生物を生存させようという、強い進化的圧力にかかわらず、多くの動物では、密度が高くなりすぎると、自然に自分たちの集団内で間引きが起こる。個体レベルのこのような自己破壊のお陰で、集団レベルの生存率は高められているらしい。密度依存性の行動は哺乳類においても知られている。例えば、集団密度が高まると、ネズミ類は「集団的」狼藉行為、同性愛行動、自損行為などに走りやすくなる。雌のネズミ（*Mus musculus*）は、見知らぬ雄の臭い——集団密度上昇の指標——にさらされると、受精卵を自らの子宮壁に着床させられなくなる。草地の野ネズミも、同様の状況下では自然流産を起こす。このように増殖に逆らうことが、将来の潜在的増殖力を確保するための優れた手段であることはわかっている。細胞の自殺行為としてのアポトーシス、そして集団サイズを縮小させたり、妊娠を妨げたりする動物の行動は、生命全体に通用するものとして進化した節制という戦略である。それは、現在の満足を得る替わりに、将来にたのしみを求めるという戦略である。

これは、企業が「操業短縮」を行って、従業員を帰休させる戦略を思い出させるが、肉体はアポトーシスによって、自分の細胞や細胞小器官の自然「解雇」を行っている。この静かな、予め定められた細胞の自殺に引き続いて起こるのは、ほとばしるように速やかな細胞の増殖である。整然としたやり方で余分な細胞が除かれることを通じて、組織の傷は治るし、器官の発達も起こる。過去の死が現在の組織化への情報となっている。オーストリアの物理学者エーリッヒ・ヤンシュは、自らの著作「自己組織化する宇宙」の中で、次のようにのべている。「進化の一つの重要な帰結は、現在の生命が過去の経験と未来への期待を包含することを手段として生きる存在であることを、ますます強調しつつあることにうかがえるかもしれない。最初の生命分子の形成のとき以来、生物門全体が得た経験を、生物進化は現在に活かしている」[2]。一群の細胞が死ぬことは、胚から体が成熟してくるための絶対必要条件である。

ヘンリエッタ・ラックスの永遠の子宮

動物は、死と定着性とを進化させた。不死の祖先であるプロトクチストから進化してきた。動物は未だに不死の卵細胞から発生する。体細胞はふつうは抑制されているが、ストレスを受けると、ときどきがん化して祖先型の増殖モードに戻ることがある。がん細胞は、抑制を受けずに体細胞分裂を行っていた、むかしのライフスタイルへ先祖帰りした細胞である。動物の肉体という、入念な分化を遂げた細胞の共同体は放置すれば崩壊する。われわれの大部分が本能的に実感しているように、個体性は絶え間ない反復と再保証によって辛うじて保たれている。われわれ動物は、自分の組織と器官をやんわりと、無意識のうちに制御し、協調的、本能的性質をもつ免疫系によって、それらを防衛している。脊椎動物における免疫系の協調性の進化は比較的新しい。胚は体細胞分裂によって成長し、細胞内の運動や細胞自体の運動によって発生を行う。胚発生には何時も、予知可能な細胞の活動——代謝、細胞増殖、細胞分裂、細胞の移動、細胞融合、および細胞のアポトーシス——が伴っている。ある場所では細胞分裂の遅れと停止が起こり——ある合図があると細胞死が始まり——胚は発生する。

肉体は一つの生態系に似ている。ある地域に先駆的種が住み着くと、どんどん数を増す増殖相が出現する。やがて、限度に到達する。生態系の増殖速度が低下する時期に入ると間もなく、速かに増殖していた先駆者に対して、さまざまな種類の同伴者が現れてくる。先駆的種の速かった増殖率が低下し、生態系がより成熟すると、そこには種の多様性が現れる。哺乳類の肉体もこれと似ていて、胚の奔放だった初期の細胞増殖は先細りになる。子宮の中で、ヒト特有の形が形成される頃には、異なった組織や器官が現れる。実際、動物の発生と生態系の分離においては、非常にスケールは違うものの、根本に似たようなプロセスの存在することが認められる。

ヒーラ（HeLa）細胞は、ヒトの細胞が潜在的には奔放に増殖する傾向をもつことを、もっともまざまざとみせつける一つの例である。ヒーラ細胞の名はヘンリエッタ・ラックスにちなんでつけられた。この人は四児の母であったが、一九五一年に子宮頚部のがんのため、ジョン・ホプキンス病院に入院した。初めは回復への期待を込めて、患部への放射線治療がなされたが、その後、病理検査のために腫瘍の一部が切除された。その頃には、ヘンリエッタ・ラックスのがんは侵略の勢いを増し、近くの器官へも転移していた。同じ年の一〇月に彼女は亡くなった。しかし、彼女が死んだ後も、彼女の子宮頚部の細胞は元気に生き続け、世界中の実験室へ輸出されるようになり、現在に至っている。ジョン・ホプキンス医科大学でポリオの研究をしていたジョージ・ゲイは、実験室でポリオウイルスを増殖させることがうまくいかず、いらいらしていた。ウイルスはすべてそうだが、ヒトのポリオウイルスも増殖するには生きた細胞が必要である。ゲイはヘンリエッタ・ラックスから採った子宮頚部がん細胞がたくましく増殖することに驚き、それによって研究の可能性が拓かれたことを喜んだ。事実、ヒーラ細胞の増殖力は非常に強いために、ヒトの他の組織を一緒に培養すると、それを滅ぼしてしまうほどである。このため、一九六六年には科学上の不祥事までが明るみに出てしまった。ワシントン大学の遺伝学者スタン・ガートラーは、別々に単離した心臓、腎臓、および肝臓の組織にヒーラ細胞が混在していて、増殖の速いヒーラ細胞がそれらの替わりに増えてしまっていたことに気づいたのである。ヒーラ細胞の医学的重要性は、研究者がヒトの身体全体を使わないでも、ウイルスの研究が行えるようにしたことである。

ヒーラ細胞が広く使われるようになる前は、ヒトの細胞を培養して増殖させることには成功していなかった。研究者たちは、いわゆるヘイフリック数*によって悩まされていた。七〇年代および八〇年代の細胞生物学者レオナード・ヘイフリックは、傷口の組織に貯まって活動する繊維芽細胞を人体から採って培養すると、限られた回数しか分裂しないことを見いだした。養分を与え、体温の条件で湿度を保ち、窒素と二酸化炭素を補給すれば、繊維芽細胞はペトリ皿で培養することが可能であり、細胞は増殖を続ける。ヘイフリックがみつけたのは、中年のヒトから採った繊維芽細胞の分裂は二〇ないし三〇回なのに対し、胎児から採った繊維芽細胞は分裂を止め、死ぬまでに平均五〇回の分裂を行うことであった。胎児の繊維芽細胞を二〇回分裂させた後で、液体窒素中に一〇年以上保存しても、温めて、ふたたび養分を与えれば、中断したところから分裂を再開する。それらの細胞は、変質し、死ぬまでに、もう三〇回の分裂を行った――このことは、胎児細胞が自分の年齢を憶えていることを示している。どのようなタイプの細胞も、特定の回数だけ細胞分裂するようプログラムされているものと思われる。

胚から採られた細胞は胚幹(ES)細胞*とよばれる。このような細胞は発生初期のマウスから採られている。マウスの場合には、この発生段階の胚はまだ輸卵管内にあって、子宮壁への着床以前であり、細胞数もまだ約一〇〇個までしか増えていない。これらのマウスES細胞は、分化や増殖停止を起こさないよう操作されていて、培養すると無限に増殖する。培養で増殖した細胞を第二の胚盤胞へ加えると、それに受け入れられてマウスの胚の一部になる。それらは脳の一部、あるいは皮膚の一部へ注入しても増殖する——これらの細胞は胚盤胞のどの部分へ加えられても構わない。このような若い培養細胞のもつ高い融通性のことを、生物学者たちは全能性*とよんでいる。全能性をもつ細胞は増殖に関して大きな潜在能力をもっているが、この能力は細胞がいったん特定の組織へと特化すると失われる。胚幹細胞は全能性をもっている。このような細胞はヒーラ細胞や受精卵と同様に——分化と発生を止められている限りは——不死なのである。

ゾウリムシなど繊毛虫類の有性集団は、減数分裂的な性に携わらなければ無限に生き続けることはできない。性のパートナーは性的に相補的な相手でもよいし、まったく同一個体の細胞内にある第二の一倍体核であってもよい。両親がいるという事実ではなく、性そのものが重要なのである。繊毛虫の性がもたらすのは生殖でも、両親性でもなく、加齢過程についての時計をリセットすることである。小核が交配の儀式を行おうとして相手がいないときでも、ゾウリムシ——ほおっておけば、老化し、死ぬ運命にある——は、ともかく減数分裂を行う。減数的核分裂でできた、二つの同一の核の間で交配が起こり、自家受精を行う。

このような自家生殖はオートガミーとよばれる。オートガミーは、二つの同一の一倍体核が融合して、一つの新たな二倍体核をつくることであり、この二倍体核には同一の遺伝子コピーが含まれる。すぐ気づくように、オートガミーは遺伝的変異を増大させるどころか、それを著しく低下させる。性をもつ有利さの理由の一つとして挙げられるのは、遺伝的変異が増大すれば、二倍体の性質として、一方の親から来た遺伝子が、他方の親から来た同じ遺伝子のもつ有害な突然変異の効果を遮蔽できることである。ところが、オートガミーは、有害遺伝子を遮蔽できるチャンスを〇まで下げてしまう。オートガミー的にゾウリムシの核が融合するときには、異型接合性*、つまり二倍体の中に、一つの遺伝子について、両親に由来する二つの異なるコピーが存在する状態は犠牲にされる。この二倍体においては、双方のコピーともまったく同じ親の核に由来するのだから同一なのだ！　オートガミーは、有害遺伝子を遮蔽できなくするから虚弱化をまねくはずなのに、ゾウリムシではオートガミーが若返りの効果をもっている。二親性が成功した理由としてよく挙げられる、もう一つのこと――すぐれた遺伝子遮蔽能力のゆえに維持されている――も、やはり誤りであることは、ゾウリムシによる、この反証によって示されている。

若返りという意味では、自家生殖も他者との有性的交配と同じ効果をもっている。それまでは死ぬ運命にあった細胞が、二者間の性によるのと同様に、オートガミーによっても生き返る。彼らは速いペースの増殖を再開し、死への行進の途上で救済される。ふたたび言うが、オートガミーは性の本当の重要性は遺伝的多様性を生み出すことではありえないことを示している。減数分裂的性の真に重要な点は、加齢現象を出し抜き、時計をリセットし、D

NAを修復し、そして、生物の発生と、細胞と肉体の分化が起こるように、遺伝子とタンパク質を組織化することである。減数分裂と受精は手に手をとって、真核生物を「原点」へと連れ戻す。原点とは、真核生物が新たに生活環をくり拡げることのできる○ポイントのことである。

微生物の世界と動物の世界のつながりは、微生物における有性相と無性相が、ある種の動物が交互にくり返す有性生殖と無性生殖に、いかにも似ていることに読みとることができる。これらの動物は、科学者のよび方によれば周期的単為生殖*を行っている——生殖において性を必要とする相と、性とは独立な相の間を往来している。例えば、ある種のハエ、ミアストル・メトラロアス（*Miastor metraloas*）という種名の小虫をみてみよう。この昆虫は、幼虫の段階に性の恩恵を受けずに生殖を行う。[3] 彼らは、生息環境がよい限りは、親にはならず、「正常な」性も必要としない。しかし、環境が悪化すると、性をとり戻す。同様に、植物吸汁性の、ある種のアブラムシは、冬の寒さの訪れを知ると、非性的（一親的）増殖を待たずに、ふたたび有性（二親的）生殖を始める。

何百という種からなるワムシ類は、二親的な動物の性を単為生殖へ譲渡するという意味で、大きなスケールで同様の傾向を例示している動物たちである。海産ワムシ類は女性解放運動に一つの回答を与えている。全部で三五〇種いる、彼らの仲間にはただ一匹の雄もみつけられたことがないからである。雌が生むのは処女雌となる卵と幼若個体である。ところが、淡水産の仲間はこれとは違う。環境因子の合図を受けて、彼らはときどき雄を生む。ある集団では、極端な環境変化、とくに冬の到来を察知すると、二世代後に孵化して雄になる卵をつくる。つまり、水が冷たくなったとき、これら雌だけからなる集団が生み出すのは息子ではなく、孵化して孫息子となる卵を生む娘なのである。これら小さくて、半透明の水生動物たちに、通常は二親性をもたないにもかかわらず、ときおり融合的性が出現するのは、何らかの周期的環境変化と関連した肉体の分化があることと対応している。性は遺伝的変異や生物多様性と直接は関連していない。むしろ、環境の厳しさが性的応答の引き金となり、かつて祖先たちが生きのびるためにやむなく行っていた性行為を、彼らは思い出すのであろう。

死と減数分裂的性の起源はともに初期のプロトクチストまでさかのぼる。テトラヒメナとゾウリムシの細胞は交配が終わると、自らの古い大核を追い出してしまう。それは、性的融合の後の動物、植物（例えば、花）、真菌（キノコ）の体にみられる衰退を暗示するような方法で行われる。これらの遊泳者では、性的結合に引き続いて使用済みの大核のアポトーシスによる死があり、それが先駆けとなって、新たな大核の健全な分化が始まる。動物、植物、真菌類はすべて、このような有性的なプロトクチストの集団から進化してきたものである。プログラムされて、遺伝的に老化や死へ向かうという運命は、減数分裂をする有性生物と固く結びついているように思える。しかし、少なくともアポトーシスという形におけるプログラム細胞死からなる、この結びつきは、最初は今日のゾウリムシやテトラヒメナの祖先に似た、単細胞プロトクチストで進化したものである。その後、細胞レベルの性は、発生と死の間でがんじがらめにされながら、大型のプロトクチストとその子孫によって維持されるようになった。

個体数を減少させる性的遭遇とそれを増加させる非性的増殖をくり返す、プロトクチストの多くの種は、個体としての活動についての確固とした「記憶」をもつ、密に固まった細胞からできている。多様化だけでなく、統合化にもよって、いったん集団が新たな種類の個体へ変わると、もちろん、その新しい、大きくなり、統合化された生物は、過酷な環境からのあらゆる種類の選択圧にさらされることになった。季節による環境の極限化が彼らの運命を形づくるのは、これまでどおりであった。しかし、新たな種類の選択圧も出現した。今や、複雑で、相対的に大型の有性多細胞生物となった彼らは、新しい世界――増殖し、成熟し、そして老化する存在からなる変化する集団という、彼らの世界――で、闘争しなければならなかった。

つながりがなければ死ぬ

かつてのユーゴスラビアで父親を失った家族が強制退去をさせられ、別の場所に住む家を与えられたという、最近の戦争の話を考えてみよう。ある日、その母親と二人の子供は近くの湖のほとりまで行き、三人とも入水自殺をした。このような心中事件は、ゾウリムシの小核のプログラムされた死、あるいは大食細胞が放射線障害を受けた体細胞に自分のDNAを分解させ、死へ誘導することとは無関係に思えるかもしれない。人々には自由意思があり、先祖伝来の知恵に頼れるが、細胞は自動操り人形である。しかし、人はすべて細胞からできており、しかも肉体は単なる機械ではない。人間の肉体は、あらゆる哺乳類の肉体と同様に、単に遺伝的制約だけでなく、熱力学などの環境的制約を受けつつ活動する、巨大で、統合された細胞社会であるとみるのが妥当であろう。神経系の細胞も、免疫系の細胞も、連合体を確立することに失敗すれば死ぬ。

それと同様で、一つの「環」から外れた人々——愛されていないと感じ、身を「置く」べき家族も、友も、職もない人々——は、自殺するか、意気消沈するか、さもなければ「自然的原因」で死ぬことが多くなる傾向がある。未婚の男は既婚の男より早死にする。自分のペットを世話する責任のある人々も、そうでない場合よりは長生きする。つながりに原因があるのではないかと思う。おそらく、あらゆる生物は、プロトクチストの集団から、戦いで引き裂かれたボスニアの人々まで、歴史的に絆をもっていた自らの種や他の種の仲間との交わりを、あまりにも長く断たれたときには、自己破壊を起こす傾向があるのだろう。過密になった動物の集団には、自己破壊についての、いわゆる密度依存的機構が現われる。もはや周囲に自分にとっての場所も、相関的要素もなくなったとき、生物たちは環境の圧迫を受けて自らを滅ぼそうとする傾向がある。この傾向は一般的であり、それほど厳密な法則性はもたないが、われわれにとって古い歴史をもつプログラム細胞死とは、この傾向を磨き上げ、遺伝的に固定化したものなのである。

バーモントに住む、博学な生物学教師クレイグ・ホルドリッジが、生命の遺伝的操作についての注目すべき新刊書の中でのべていることは、これと関係がある。[4]ケン・スピッツは一九四〇年代のアメリカで、出生時に孤児院に預けられ、母親と乳母に育てられた子供について調査を行った。母親は後でいなくなった。スピッツによれば、そこの食物、衛生状態、医療措置は、彼の知る限りのベストであった。ところが、おのおのの乳母は一度に八人ないし一二人もの子供のめんどうをみるよう義務づけられていたため、孤児の一人一人とオーバーワークの乳母との間にはほとんど接触がなかった。一人の子供の世話と世話との間隔が長かった。スピッツはその孤児院に着いてすぐ、一人として子供がおもちゃをもっていないことに気づいた。しかも、赤ん坊たちを静かにさせるために、疲れはてた乳母たちのやっていたのは、乳児ベッドの柵に毛布を垂らして赤ん坊の視野を塞ぎ、天井しかみえないようにしていることだった。母親がいなくなって三ヵ月後に、子供たちは荒廃の徴候を示し始めた。彼らは泣きわめき、不眠症となり、体重の減少が始まった。初めはあやすのが難しい程度だったが、やがて、あやそうとしても、物理的接触を拒むようになった。彼らはうつむいて乳児ベッドに横たわり、動きも以前より緩慢になった。彼らは前よりも感染症に罹りやすくなった。表情はしだいに硬直し、泣き方もかつての力強さが失せ、しくしく泣きに変わった。「三ヵ月後には、彼らは完全に受動的となり、今ではあおむけに横たわっていた。寝返りもできなくなった。彼らの目は虚ろで、外界に対する瞳の同調的動きも損なわれていた」。

スピッツが調査した九一人の子供のうち、二七人は最初の年の終わりまでに死亡した。[5]これらの赤ん坊たちが、より年上の人々にならばあてはまる意味での自殺を「選んだ」のでないことは明らかである。生きるという仕事への彼らの興味の低下の引き金となったのは、適切な人間環境の欠如なのであった。これらの赤ん坊の死は自律的に起こった。もしそのような言葉を使うことが許されるのであれば、われわれは、これを「プログラムされた」死とさえよべるかもしれない。これらの赤ん坊を周囲の人間生活と結びつけたものは、何がなされたかよりも、むしろ何がなされなかったかなのであった。

スピッツはもう一つ、やはり家をもたない子供たちのホームの調査も行った。そこでも同様に症状がみられたが、程度は軽かった。大きな違いは、この孤児院では母親が一定の周期で戻ってくることだった。母親が戻ってくると、子供たちはかなりの速さで回復した。前の、悲劇的な孤児院で死んでいった子供たちは、他とのつながりのない細胞を連想させる。われわれの生活は通路に依存している。そこを歩くときには信号に気をつけなければならず、さもなければどこへも行けないのと、これは同じである。この話では、遺伝子も重要な一部分ではあるが、あくまでも一部分にすぎない。顔と顔をつき合わせる相互関係、接触、教育、模倣、時宜を得た栄養の摂取など、何千という日常的行為が健康と発達をもたらす。母親と新生児の接触は、小さい「情緒」物質——ポリペプチドとよばれる、短い特定のアミノ酸の鎖——を循環させる引き金になることさえあるらしい。健康に成長するのに必要な、これらの生化学物質が存在するためには、遺伝子の存在ばかりでなく、継続的な母親の目配りの存在が必要である。細胞増殖、細胞間相互作用およびプログラム細胞死からなるパターンは、子宮内で始まり、子宮を出てからも続く。われわれ霊長類にとっては、出生初期の絶え間ない母親との相互作用は、この続きを行っているのである。

遺伝子は細胞の構成成分であり、細胞は生物の構成成分である。生物は、常に複数の種によって構成される自然共同体である集団の中で、ある部分をなしている。われわれの行動は、何らかの既定の計画、あるいは遺伝的に決定された「青写真」によるのではなく、われわれのつながり、関与、そして参加の歴史に端を発したものである。

ロマンチックな自殺、すなわちふられたり、捨てられたりした恋人が自らに課す死は、おそらく、集団がもはや細胞や生物にとって意味をもたなくなったときに細胞が自らを滅ぼす傾向を強く示す、もう一つの例なのであろう。この場合だと、自殺の恐れのある人とは、現在求めるべきものを失ったからではなく、次世代において、自分の遺伝子に幸せな伴侶をもたせるという希望を捨てたために、生きる理由を失った人のことである。

減数分裂的性の融合的側面は、たがいに相手を融合可能な膜の内側へ迎え入れる能力をもつプロトクチストの自暴自棄的行動として始まったとする、L・R・クリーブランドの主張に、われわれは賛成である。交配の相手は初めは、食物になりうるものだった。最初には、雄や雌といった性別は存在しなかった。飢えたり、渇いたりした細胞が融合しても、それは偶然であり、確立された出来事ではなかった。単一の細胞どうしが合併して二重性の怪物になるのも、最初は性欲ではなく、ストレスの結果起こることだった。これまでのべたように、プロトクチストの親類たちは、おそらくたがいに相手を食べようとして、食作用として知られている摂食過程を通じて、周囲の仲間を吸収したのであろう。しかし、食べた方は、抵抗しながら食べられた仲間を何時も消化したとは限らない。決定的は場合には、食べた方と食べられた方が合併して、単一の大きな細胞になった。この二重性をもつ怪物は、やがて染色体セットを二重にもつ二倍体になった。細胞増殖の時間割をわずかに調節すること——染色体ＤＮＡの複製に比べて、紡錘糸接着体、つまり動原体*の複製が遅れること——は、二倍体性にとっては救いであっただろう。[6] この自然の遅れによって、融合細胞はもとの単一細胞状態へ戻された。ある種の周期的、季節的条件下では、すでにのべたように、ときに二重性の怪物になり、ときに小ぎれいな正常状態に戻ることが正の選択を受けた。現代人の生活における電気と自動車と同じで、昨日のぜいたく品は、今日の必需品である。時を経て、狂乱的摂食法とプロトクチストの融合は、受精と生殖へと変わった。はるかな昔には、美食の快楽とエロチシズムは一体にして、同一のものだったし、性別も存在しなかった。共食いで消化不良を起こしたものたちが融合しても生きている限りは、彼らは合併して新たな個体となった。それは、自暴自棄の連合の結果であった。その後には、還元分裂（減数分裂）と、プログラム死をたっぷり含んだ増殖（多発的体細胞分裂）が起こった。このような奇妙な情況の連鎖から、われわれの性別をもつ肉体が出現した。

　われわれの生命は性によって束縛を受けている。われわれは無から生じ、無へ戻ってゆく。その間だけがわれわれの生である。われわれの生も、われわれの死も性によって伝達される。われわれがこの地球上に現れるのは性の作用によるが、それは加齢という、不可逆的作用の始まりでもある。われわれの両親は少なくとも一度は性の交わりをもった。だから、われわれは生まれ、そして何時か、自分が性の交わりをするかどうかとは無関係に、死を迎える。物質の組織化の一つの形態としてみれば、われわれの年齢は三〇億歳を超えている。しかし、自分というものを知った個体としてならば、せいぜい数十歳にすぎない。

性は、胚、幼少期、成年期の形成を通じて、融合した性細胞からくり返し肉体をつくりだす。しかし、この個体の形態として現われた物質の組織化は、長くは続かない。われわれはそれぞれ免れるすべもなく年をとり、死を迎える。人体という、費用のかかった工程を維持する唯一の手だては、性によって子をつくる生殖を行うことである。性は個体としてのわれわれの運命を開始するとともに、その刻印を押すことでもある。性行為は、脳とよばれる神経組織の塊を含め、わが子の複雑な組織分化の引き金を引くことであり、それに対してわれわれが支払うファウスト的代価は、死を呼び寄せることである。われわれの使命は、生殖力のある時間内に、熱力学的平衡から外れた、特別な物質の組織形態としての肉体を再生産することである。

ユダヤ‐キリスト教が、性と「堕落」を結びつけているのは、科学的にみれば共鳴という現象である。減数分裂と受精による性のサイクルが、われわれの祖先のプロトクチストで進化したとき、共同体となった、それらの子孫は純潔を失った。それ以来、宗教的にも、科学的にも、性は死というまじないにかけられたのである。各世代ごとに性によって始められた肉体の進化によって、細胞による継続的なエネルギーの崩壊に終止符が打たれた。それは、初期の生命の唇に、周期的にめぐりくる、性に伝達された死の接吻を授けたのである。その結果、多細胞生物の肉体に不連続性がもたらされた。「死の接吻」という言葉は暗黙のうちに、有性生殖が、性をもつ肉体の不可避的な死と関係のあることを示唆している。この言葉は、とりあえず不死身の、遺伝子を含む性細胞を一時的に運ぶものとして、数億年前に、使い捨ての肉体が進化したことを表す適切な暗喩である。

5 不思議な魅力——性と知覚

雄たちの間にくりひろげられる、この競争の究極の主題は、もっとも強く、もっとも行動力に富むものが種を増殖させ、そのことが種をよりよいものにしてゆく……
もし、植物が芽と球根だけからしか生まれることができず、性によって生まれることができなかったならば……今ここに、現在の千分の一の数の種も存在しなかったであろう。

——エラスムス・ダーウィン

恋に堕ちたら、その始まりは自分をだますことであり、その終わりは相手をだますことである。世間がロマンスとよぶのは、こんなものである。

——オスカー・ワイルド

性と死に引き続いて

これまでみてきたように、受精による性が進化したのは、われわれの祖先のプロトクチストたちが四季を通じて生きることができたからである。動物では、性そのものが正の選択を受けたわけではない。むしろ、動物が発達させることができた方法は性だけだったのである。それにもかかわらず、地球上の進化を広く眺めると、性を営む種は、いったん進化すると、たちまち繁栄したことがわかる。しかも、有性動物と植物は、生命の熱力学的目的を設定した。後でみるように、先輩である微生物よりも速やかに、もっと徹底的に、彼らは太陽系の勾配を打ち壊した。より小さいスケールでみると、性別をもつ動物はどれも、配偶者になりうる相手がもつ何らかの形質に惹きつけられ、それらの形質をもつ相手との間にだけ子供をつくる。したがって、動物たちは性的に選択される形質を子孫の中にも再生産しようとする傾向をもっている。そのような形質の中には、クジャクの尾羽の目立つ「目玉」模様から、マンドリルの青色の陰嚢までさまざまなものが含まれる。この章では、まず減数分裂的性の情況をより広く探り、次に、われわれ自身のヒトという種の形質をも含め、有性生殖の結果として生じたさまざまな形質についてのべることにしよう。

両親をもつ動物では受精卵から胞胚ができる。融合的性は、すべての主要な動物群（門）

の細胞の核心がたどる従属的軌道であり、それを削除できないことには理由がある。

有性生物種は、動物、植物ともにこの五億年間優勢な地位を占めてきた生物であり、地球規模ではその名声を維持しつつあると思われる。有性種がどれほど大きな生物多様性を示しているかを知るには、熱帯雨林における莫大な数の、驚くほど鮮やかの色彩の生物たちをみればよい。性器あるいは花は、二つとも性の直接的表象であり、それらの多様性は、有性生殖という軌道に頼るすべての種にもたらされる必然的な副産物である。動物、植物、真菌類が多様性をもち、おのおのの個体が潜在的配偶者からなる、別々の集団に属しているという、まさにそのことがエネルギーの崩壊とエントロピーの生成の率を増大させているのではないかと思わせる。アマゾンの熱帯雨林のように有性種に富む生態系の方が、南極の氷の下にある性に乏しい細菌の生態系よりも、効率よく太陽系の勾配を解消させる。宇宙空間から電磁スペクトルの近赤外部で測定すると、アマゾンにおけるような生物共同体の方が、多様性の少ない共同体よりも効果的に熱の冷却とエントロピーの生産を行っていることがわかる。[1] 植物でも、動物でも、性は直接正の選択を受けたわけではないが、有性種が多く存在するのは、特定の植物や動物がそのように選択されたからである。これらの有性種、とくに樹木は、地球上のもっとも複雑で、もっとも多量にエントロピーを生成する生態系の鍵を握っている。

生物には感覚がある。生物は自らの進化に影響を与える。食物へ向かって泳ぐという、一見単純な細菌の選択でさえも、長時間のうちには進化に新しい方向性を与える。例えば、ある細菌がそれへ向かって泳ぐ食物が、別のタイプの細菌の出す老廃物だったならば、二つの細菌は連合を続けることになりそうである。第一のタイプの細菌は第二の細菌の老廃物をむさぼり食いながら、その周囲をすみかとし、やがて安定的な連合体が成立する。遊泳性のプロトクチストは融合的性によって冬を生き抜く必要があるので、食物とだけでなく、配偶者とも連合を組む。強制的、周期的な融合的性が進化するとともに、プロトクチストも出現したばかりの動物も、積極的に自らの進化に関わるようになった。エラスムスの孫のチャールズ・ダーウィンは、性が進化を促進する方法には二つがあることを指摘した。その二つともを、自然選択に対比させて、彼は「性選択」とよんだ。彼が気づいたのは、繁殖可能な雄の数に比較して雌の動物数が少ない場合のあることだった。チャールズ・ダーウィンは、より強く、より適応した雄をもたらす雄どうしの競争と、雌が自分の交配相手を選ぶという雌の選好性（選り好み）の両方について記載した。選択を行使する動物たちが、次世代の形質に影響を及ぼせることに彼は気づいた。

チャールズ・ダーウィンの時代以来、精子競争という、もう一つ性選択の形が科学研究者の注目を浴びるようになった。精子競争の勝者とは、闘争によって他の雄の肉体の排除に成功したものではなく、より多くの精子を生産したり、あるいはより遠くまで射精するなどして、競争相手の精子を排除できたもののことである。クモ類、昆虫類、哺乳類で独立に進化した、一つの共通の戦略は、非常に粘性の高い精液をつくって、後からくる求婚者の精子の進入を効果的に妨げることである。ある種のげっ歯類の雄は、自らのペニスを使って「膣栓」をつくるものさえある。動物、とくにわれわれのような社会性霊長類で顕著なのは、性的魅力の追求に多様な行動をとり、肉体の形、大きさ、色彩の微妙な違いを感知し、自分自身と他者を欺く能力を、進化のプロセスに組み込んだことである。

「この外見——人あたりがよくて、寛容な、この私のマナー——以外のものはみえないのか?」と、ウォルト・ホイットマンは彼の有名な作品である『草の葉』の中で問う。しかし、生物としては、「外見」がわれわれのもつ唯一の手がかりであることが多い。配偶者にしようかと考えている相手の遺伝子型*、つまり、染色体中で遺伝子を構成しているDNAを感じとれる動物などいはしない。彼女や彼が認識できるのは表現型*、すなわちそれらの遺伝子がどう発現されて動物全体をつくっているかだけである。実際、配偶者がどんなに透視能力に優れていても、読みとることができるのは、ある角度からの、ある光線の中での相手の肉体の外側だけである。詩人たちは、愛するものが浴びている特別の光線について語る。小説家たちは恋の盲目についてのべる。多くの冒険小説は、恋人たちが性的に交わりたいという衝動に身を任すあまりに、自らの身に招く危険を描写している。情欲、愛、そして一体感には、強い生化学的変化——肉体的に惹かれる初めの「突進」のさいの、天然のアンフェタミン様薬剤フェニルエチルアミンの生産から、オルガスム時およびその後のホルモン、オキシトシン濃度の上昇まで——が関係している。これら不可避的に肉体が生産し、心を変化させる薬剤は、生化学的兵器庫の一部であり、これによって本能がわれわれに配偶者を求め、子孫をつくるようにと誘う。われわれは、他の動物と同様に、ときには自分の遺伝子を次世代に注入するために生命を危険にさらすこともある。

しかし、われわれは不完全な存在であり、万能の神でもないから、われわれが配偶者を欲しいと思う感覚は、性をもたなかった祖先たちが食物を探すときに使ったのと同じ道具立てから進化してきた。その結果、われわれは、他人の性的欲望に関して、間違った信号を発信したり、受けとったりする可能性があり、実際そうもしている。われわれは何とも簡単に騙され、迷わされ、誘惑され、そしてとりこにされる。この章でくわしくのべるのは、性の進化の重要な部分——配偶行動と子孫の生産に必須の感知能力がどのようにして肉体と精神を形づくり続けているかである。ヒトの性別認識、ヒトの連合、性そして恋愛の進化的先駆けは何であるのかを調べてみよう。情欲と愛は、栄養満点の動物個体にとってよりも、進化的連続性にとってはるかに重要な意味をもっている。われわれの個々の肉体は、これまでみたように、何れにせよ滅びる運命にあるのだが、情欲と愛は、将来、性の作用によって生産されるもののために、その肉体を犠牲にせよとわれわれをそそのかす。われわれの命ははかないものだが、性は何時までも残る。

欺瞞の基礎にあるのは感知能力であり、性的欺瞞の基礎にあるのは性とそして感知能力である。哺乳類において、性はどのように進化したのであろうか、交配は不可欠なのだろうか？ 過剰な刺激のまん中にいながら、われわれはどのようにして自分にふさわしい配偶者を探し当てるのだろうか？ われわれの性は、他の生命形態を知覚するわれわれの能力とどう関わっているのだろうか？ ヒトの性行動の根源を理解する一助として、広い範囲の種について、感知能力、欺瞞および配偶戦略を比較してみることにしよう。

われわれの立場は明らかになっている。生命それ自体は、物理的宇宙を熱力学的に展開することに由来している。減数分裂(融合)的性は、ストレスを受けたプロトクチストにおいて進化した、一つの生物現象である。奇怪なプロトクチストから進化した、われわれの祖先の動物は、卵へ精子を進入させなければ、胚も成体も発達させることができなかった。われわれにとって、性はなくてすむものではない――三八門の動物のすべてのメンバーの発生と生殖には、減数分裂と受精が必要である。これらの軌道に依存したプロセスを科学的に分析することは、動物の感知能力が進化的時間の経過の中で、どのようにして動物の肉体を形づくるかというような、性の進化の微妙な側面の理解にも助けとなるに違いないであろう。

感知、欺瞞、審美性

感知能力、欺瞞、および美的感受性というものは、動物がこの地球上に存在して以来、五億四一〇〇万年以上にわたって進化してきた。だとすれば、これらの能力そのものが、動物進化によって磨かれるとともに、それ自身も影響されたとしても不思議ではない。われわれのごう慢さと人間中心主義とは裏腹に、多くの実験と観察の結果は、思考と感覚という過程はヒトだけに限られるものではないことを、否応なくわれわれに実感させる。感知能力とそれに刺激された行動は生命——細菌という生命も含め——の共有物である。まさに、あらゆる生命の本質は、相互に作用し、感じ合うという現象の中にこそある。[2]

大気中の酸素に耐性をもつが、それに依存しない遊泳性細菌の中には、走磁性*のタイプのものが少しいる。彼らは磁力に応じて——北半球だと北極へ向かって、南半球ならば南極へ向かって——泳ぐ。これらの生きている羅針盤は、彼らの体の中に何列か並んだ磁鉄鉱の小さな結晶からできている。これらの磁鉄鉱の結晶の助けによって、彼らは地球の磁力線の方向に沿って配置される。彼らは地球の両極で一生を終わるのではなく、食物が豊かで、酸素の少ない堆積土の中で無事に暮らしている。最小の磁性とは無関係の細菌でさえも感知能力をもっているし、彼らがもぞもぞ動くのをみて、われわれは彼らが行動すると言う。小さい棒状や、より長い繊維状の細菌たちは、食物源を感知し、そこへ接近するときには、糖分の濃度勾配に沿って自らを配向し、その高い方へ向かって泳いでゆく。彼らは何かを探りながら、自らの感覚に基づいて行動している。多くの細菌も、過剰な性をもつ彼らの子孫であるプロトクチストも、光や酸素へ向かったり、それらを避けて移動したりする。生命のもつ、このような知覚能力は、その勾配解消作用と直接関連している。生きとし生けるものは、勾配――窒素、糖分、酸、光、熱、および「孤独さ」(つまり、他の細胞や生物からの離れ方の程度)――を見分け、それに応答する。彼らは次には、知覚を行動へ転換し、これらの勾配を解消させる。

プロトクチストの「性による生存」戦略が、後に生殖に必須なものとしての性へと進化した。プロトクチストにおいて、食物の獲得、敵の回避、およびすみかの発見の目的で進化した、多くの知覚能力は後に少し手を加えられて、動物の祖先たちに再利用された。プロトクチストは――性を獲得するはるか以前に――細菌を食べ、他のプロトクチストを食べ、共食いさえも行っていたのだとすれば、食の快楽は交配の快楽のずっと前に進化していたのではなかろうか。あらゆる可動性の生命形態は、出現の最初から食物とかくれがを何とか手に入れなければならなかった。有性のプロトクチストとその子孫の動物は配偶者も必要とした。何億年にもわたって、有性プロトクチストとその子孫である、初期の動物たちは、生殖をするものの義務として、混乱した世界の中から自分の交配相手にふさわしいものをみつけ出さなければならなかった。

自分と同じ種のメンバーの片寄った目でみたときに、美しいと思われた彼または彼女が生きのびた。美とはうわべのものであり、浅薄さの同義語としてつくられたものかもしれない。しかし、有性生殖を義務づけられたものにとっては、長大な時間を通じて、性的魅力は命の問題であり、死か永続かの問題であった。それが欺瞞であろうとなかろうと、他を惹きつけることは現実であったし、今もそうである。配偶者候補のもつ遺伝的好ましさの程度を見分けることは、あらゆる有性生殖者にとって、もっとも重要なことである。「輝く瞳とふさふさした尾」は、よい親となるための繁殖能力と生活能力の高さを知る手がかりである。例えば、肌のきめ細やかさ、洗練された、あるいはつややかな毛皮、そして繁殖年齢のピークにあることなどは、配偶者候補が十分な繁殖力をもつことを知る助けになる。

性選択と雌の選好性

クジャクについて考えながら、チャールズ・ダーウィンは、生存のためには必ずしも必要ではないが、異性がそれを魅力的と認め、子孫を残すことを促進するのに役立つという理由で存在する、独特の特徴が動物にはあることを、初めて明らかにした。同類交配*とは、同じみかけをもつ生物どうしの、子供のできうる結合のことである。同類交配の結果できるのは、おのおのが共通の形質をもつ、別々の生物集団である。ティーンエイジャーがめかし込んで仲間の前にでるのをみれば、異性にもてるよう自分の外見を操作することが新たな交配を生みだすのに、どれほど効果的かがわかる。われわれが皆知っていることは、集団の中には、一時的な同類交配社会をもたらすような習慣をくり返すサブグループが存在することである。血縁交配の亜集団のもつ形質や特徴——人類集団の例でいえば、鼻輪、口唇伸展、ダックテールの髪形、竹馬などがこれに含まれるだろう——は、同じ種であっても、あるメンバーには奇異にみえるし、魅力的とは思えない。われわれは皆、人類集団にみられる一時的生殖隔離傾向に対して、派閥の島国根性であるとか、俗物根性であるとして神経質になる。性的情熱の根は深い。実際、性が充たされないときの衝動は非常に強く、同じ種に適当な相手が見つからないときには、動物たちはときには、別の種のメンバーと——進化的観点からみれば、不毛の——交配を行うほどである。

「人間の堕落、そして性との関係における選択」の中で、ダーウィンはクジャクの尾羽のような特徴について、次のようにのべた。

……ある雄に別の雄よりも有利な地位をもたらすだけである。時間さえあれば、あまり資質に恵まれていない雄でも、雌とつがいになれるであろう。そして、雌の構造に照らしてみると、通常の生活習慣によく適応している意味では、他のあらゆる点で、彼らには違いがない……というのは、雄たちが今ある構造を獲得したのは、それが生存競争を勝ち抜くのにより適していたからではなく、他の雄より有利な地位を獲得したからであり、その有利さを自分の雄の子孫にだけ伝えたからである。私がこの形の選択を性選択と名づけるに至ったゆえんは、この区別が重要だからである。[3]

性選択によって、生物は自らの進化に影響を与えるようになる。雌は、昆虫の雌でさえも、盲目の本能に駆り立てられたように、ある雄とだけ交配することを選び、それによって自らの未来に劇的な影響を与えることができるという自分の主張に、ダーウィンは確固たる自信をもっていた。ダーウィンにとっては、「多くの鳥類、いくつかの哺乳類……そして……さらに驚くことには……爬虫類、魚類、昆虫類でさえもが〈雌の選好性〉を発揮することは驚くべき事実」であった。ダーウィンの性選択は、初めは、自然選択を支持する進化学者からさえも軽視されたが、その後支持を受けるようになった。

一九八二年に、スウェーデンの動物学者で、性選択研究の専門家のマルテ・アンデルソンは、長い尾羽をもつ雄のテンニンチョウ（*Euplectes progne*）から、一五インチほど尾羽を切りとり、それをべつの雄へ貼りつけたときの効果をのべた報告書を出版した。[4]この余分の尾をもった雄は、縄張りの中に新しい卵や雛のたくさんいる巣の数が多いことからみて、父親としての成功度が高まったことがわかった。飼育されているゼブラフィンチの雌（*Poephila guttata*）は、脚に赤とオレンジまたは緑の輪をはめた雄を好む。雄のゼブラフィンチは黒い足輪をした雌を追い払い、青またはオレンジの足輪をした雌に好んで精子を与えようとする。黒い足輪の雌の方が生殖の上でより優位にあり、より多くの健康な雛をつくれる場合でも、これは変わらない。カリフォルニア大学の生物学者ナンシー・バーリーは、鳥がこのように驚くべき美意識をもっていることを明らかにし、また、雌の鳥がある色彩の帽子を被った雄の鳥との交配を好むことを発見した。

尾羽とその先

テレビと映画は地球規模で、性的魅力の基準をこれまで以上に狭めつつある。スリムで、日焼けしたスーパーモデルを思いだしてみよう。現在の女性美のスタンダードは、ボッティチェリやルーベンスの絵画にみられるような、健康的なふくよかさを理想としたルネサンスの基準とは非常に違っている。今日では、ビクトリア朝の理想であった、青白く、繊細で、結核病みにさえみえる女性像の方を、われわれは向いている。ファッションがやせ型の女性向きに変わるのは、生存することの価値の反映であるかもしれないし、そうでないかもしれない。おそらく、富が比較的限られていた時代には、大きな尻のふくよかな女性の肉体は、子供を生み、育てる潜在能力の高さの象徴となるのであろう。その反対に、近代の、人口密度の高い都市型文化においては、細っそりしていることは、めんどうがみやすく、安上がりな女性であることを意味しているのかもしれない。近代の西欧人間社会という、限られた時間枠の中でさえも、ファッションには激しい変化が起こったし、それはおそらく、進化にも影響をもたらすであろう。スリムなスーパーモデルと健康的なルネサンスの美女は正反対ではあるが、両方とも性選択で好まれた特徴の例なのである。

生存上の有利さに基づくものではなく、性欲をそそられる異性のメンバーがそれをもつことによって生殖活動を増強させる、奇妙な魅力によるものとも違うタイプの自然選択のことを、ランナウェイ選択*という人もいる。これでは、望ましい形質が、その所有者にはかえって不利益となっている場合さえある。イスラエルの動物学者アモツ・ザハビのハンディキャップ理論によれば、シマウマの独特の縞模様、クジャクの目玉模様、それに動物の長い首のつけ根を丸く囲む着色は、独特の自己顕示であるが、自己ハンディキャップ的な通告を含んでいる。「長い首をもった動物は、その首の周りにハンディキャップ・リングをもつことによって、首の長さを誇示しているのかもしれない。短い首の個体は、それによって余計首が短くみえるであろう――〈ボクの首はこんなに長いから、短くみせても大丈夫なのだ〉」。彼の理論が示唆するのは、奇妙な特徴、例えば、長い装飾的な尾羽ももっているハチドリ（*Spathura underwoodi*）の鮮やかな赤色は、特殊に進化した強がりを示しているのかもしれないことである。問題の形質が生存にとって何の価値もないこと自体が、魅力の原因となっていることとさえありうる。彼は歩道に跳び降りて、彼女の注意を惹こうと、きびきびと腕立て伏せを二〇回する。こんな行為はエネルギーのむだである。そうすることは彼にわずかのハンディキャップを与えるとしても、それは同時に、配偶者になってもよいぞ――余分なエネルギーのある有能な雄だぞ――という信号の意味をもっている。

しかし、生殖活動を増強させる魅力として引き合いに出される、より劇的な例は、行動上よりも、むしろ構造的ないしは生理上のものである。雄のペリカン（*Pelecanus onocrotalus*）は、繁殖期になると、くちばしの上に大きな隆起物をつくる。この隆起物は魚を捕えるときには視野の妨げになるのだが、雌にとっては大きな魅力であるのは明らかである。ザハビの雌のハンディキャップ理論を援用すれば、生存には無関係な、痩身という女性の形質も理解できるようになる。彼女らは、あたかも「彼は赤ん坊をつくる相手として、とても望ましいので、赤ん坊を抱くことさえできないほど、私はやせていると思わせても大丈夫だ」と言っているかのようである。

ザハビのハンディキャップ理論は、身体の特徴がその生存価値との関係でどう説明できるかを示す一つの例である。ダーウィンは性選択を自然選択とは区別したが、究極的には前者は後者の一つの例である。たとえある動物が活力にあふれ、完璧に健康であるとしても、彼に子をつくらせる能力がなかったり、あるいは交配の相手をみつけられなかったならば、彼の遺伝子は次世代へ入り損ねる——つまり、負の選択を受ける——ことになる。

ダーウィンが性選択と自然選択を区別したのは、二つがたがいに独立のプロセスだと考えたからである。彼の同郷人で、自然選択の共同発見者でもあるアルフレッド・ウォレスは、性選択を単なる進化力の一つだとして、重視しなかった。ウォレスは鳥の雄がもつ鮮やかな色彩が雌によって選ばれたものであることを信じず、その替わり、空しいけばけばしさは、鳥類が自然界で生存する条件なのだと示唆した。言い替えれば、雄が鮮やかな色彩の羽を進化させたのではなく、むしろ雌の方が巣を襲われないように、カムフラージュの一つの形態として、くすんだ色を進化させたというのである。

ウォレスは、動物が鮮やかな色彩を誇示する配偶者を選ぶということを信じず、自然選択（ダーウィンと同様に、彼もそれを性選択と区別した）は、「鮮やかな金属的な青色や緑色……もっとも優美な玉虫色」を目立たなくする作用があると考えた。[5] 血の赤さと骨の白さは、それぞれに身体を構成する鉄とカルシウムに由来する色であり、それは適応の結果でも、選択の結果でもない。ウォレスは、鳥の色彩や血の色の進化において、配偶者の選好性が何らかの意味のある役割を果たしたという考えを否定した。

ジュリアン・ハックスレー（一八八七～一九七五）を含め、著名な生物学者たちは、ウォレスに賛同し、配偶者の選好性が進化の道筋に影響を与えるというダーウィンの理論に疑義を唱えた。ハックスレー、ウォレス、そして他の人々も、ヒト以外の動物の雌が長期間にわたって行ってきた、配偶者への選り好みが、どれほど顕著に肉体の変化をもたらしえたかを見落としていたのである。雄のセイラン（キジの一種）の羽毛のように、繊細な色彩の羽毛を、ダーウィンは「自然の生みだしたものというよりも、美術作品のようだ」とのべたが、彼らの意見によれば、これも雌のキジの気まぐれに由来するものだった。ウォレスは、そのことをつぎのようにのべている。「自然選択が作用するのに十分な、絶え間ない、微小な変異が、どうやって性的な選択の対象になるのか、私にはわからない……クジャクの尾羽の長さの一インチの違い、あるいは極楽鳥のそれの四分の一インチの違いを、雌がどうやって気づき、好むのか、われわれに想像できようか？[6]」。これみよがしの形質は、配偶者認知のための適応、あるいは雄の代謝速度が高いことの表われ、それとも雄は食べてもあまり美味ではないという、捕食者への広告なのかもしれない、と彼は考えた。これらの形質が「下等な」動物たちの雌の選好性の反映であることはありえない、と彼には思えた。

長尾のテンニンチョウの尾羽を伸ばしてみた、アンデルソンの実験をもう一度考えてみよう。ウォレスだったら、尾羽がより長くても、それは重要でない表面上のことに過ぎないという可能性を強調することだろう。例えば、尾が長ければ、おそらく先までよくみえるから、雄が寄生虫を振り払いやすいことと、尾羽の長さは関連していると、彼は考えるかもしれない。近年になって、この主張がもっと明白になされるようになった。ハミルトン／ツック説によると、目立つ装飾が雌を惹きつけるのは、それが寄生虫に対する遺伝的抵抗性の高さを示しているからである。したがって、二人の生物学者ウィリアム・ハミルトンとマルレーヌ・ツックは、A・R・ウォレスと同様に、雌動物の選好性は軽薄さによるという考えを否定している。鮮やかな色彩と長い尾羽という形で、軽薄な誇示とみえるものは、じつは寄生虫抵抗性遺伝子の有無を示す象徴なのかもしれない。一〇九種の燕雀目の（さえずる）鳥を調べた結果、ハミルトンとツックは、血中に慢性的に寄生虫が感染している鳥には、鮮やかな色彩と彼らの健康な同胞が行う、複雑なさえずりを失う傾向のあることを見いだした。[7]

カゲロウのペニスとオランウータンの恋

分類学者は、極度に多様化した雄の生殖器によってカゲロウの種を分けている。これらの生殖器には、縁どりや、さかとげ、それに前の雄の残した精子をかき出すスプーンがついていて、ほとんどバロック建築である［図版7］。雌の昆虫の多くは、雄の生殖器を掴んでつなぎ止める装置をもっている。雌の昆虫の中には、雄の突起物をぴったりと納めるような相補的なくぼみをもつものさえいる。精巧な雄のカゲロウの生殖器についての進化論によれば、これらは「利害の機械的対立」に由ると考えられる。雌の抵抗を乗り越えようと、雄はより効果的な精子注入装置を開発する。しかし、昆虫学者のウィリアム・エバーハードが指摘するように、真の、全力を挙げた性の闘いの結果がもたらすのは、「雌と雄の生殖器の相伴った変化であり、雌における把握構造である」[8]

これとは逆の例も多数存在する。その一つに、シンシデリドという雌の甲虫がある。この雌は、雄の器官の付属物を受け入れ、内部で掴むようなくぼみをもっている。また、ある種のトンボ（*Epigomphus quadracies*）の雄たちのもつ腹部の外肢は、雌の頭部の穴にはまるようになっている。子供の世話が重要なときには、接近してくる雄をすべて拒絶する方が雌にはつごうがよいかもしれないが、ふつう雌の遺伝的利益にもっとも合致するのは、一部の雄——交配の技巧の劣る雄——だけを拒絶することである。「性の闘争」という暗喩は、「自然の調和」とか、「地球のはかなさ」などと同じく言葉の一人歩きである。せいぜいのところ、「闘争」というのが、この物語の一部を表すにはふさわしい。

雄が多様な生殖器をもつことについての一つの解釈は、それをもたらし、維持したのは雌の選好性（雌はもっとも効果的な精子注入装置をもつ雄を選ぶ）という考えである［次頁の図を参照］。交配装置の進化を複雑にするのは、雌は雄を単に選ぶのではなく、雌をめぐって自ら競争し合っている雄たちの間から選ぶという事実である。雄の昆虫はたがいに競いながら雌に精子を与えようとする。より大きな体、より動きの速い精子、より積極的な性行動などの形質はすべて、それらをもつ雄の進化に有利に作用するであろう。把握、挿入、あるいは雌の生殖器官を刺激するという点で、効果的な生殖器をもつ雄ほど、より多くの子供を生ませることができる――だから、彼らは何時も進化上の有利さを享受することになる。

どの雄から精子を貰うかを選ぶ雌は、自分の息子に自らの遺伝子を伝える。雌の選好性には限りがある。なぜならば、効果的な精子植えつけ装置をもつ雄を選びそこねた雌は、長い目でみれば、それをできた雌との競争に敗れるからである。手品師に促されて一枚のカードを「選ぶ」観客のように、これはホブソンの選択なのである。[9] 進化的時間経過と雄と雄の競争を通じて、雄に高い生殖能力をもたらす形質は、低い生殖能力をもたらす形質にとって換わる傾向にある。したがって、雌は生殖の相手としてベストの雄を検出しようと、ますます鋭敏な方法を開発する。視覚的、触覚的手がかりによって、雄が優秀な精子注入装置をもつことを識別することによって、そのような雌の遺伝子は集団内に拡がってゆく。性を神経系

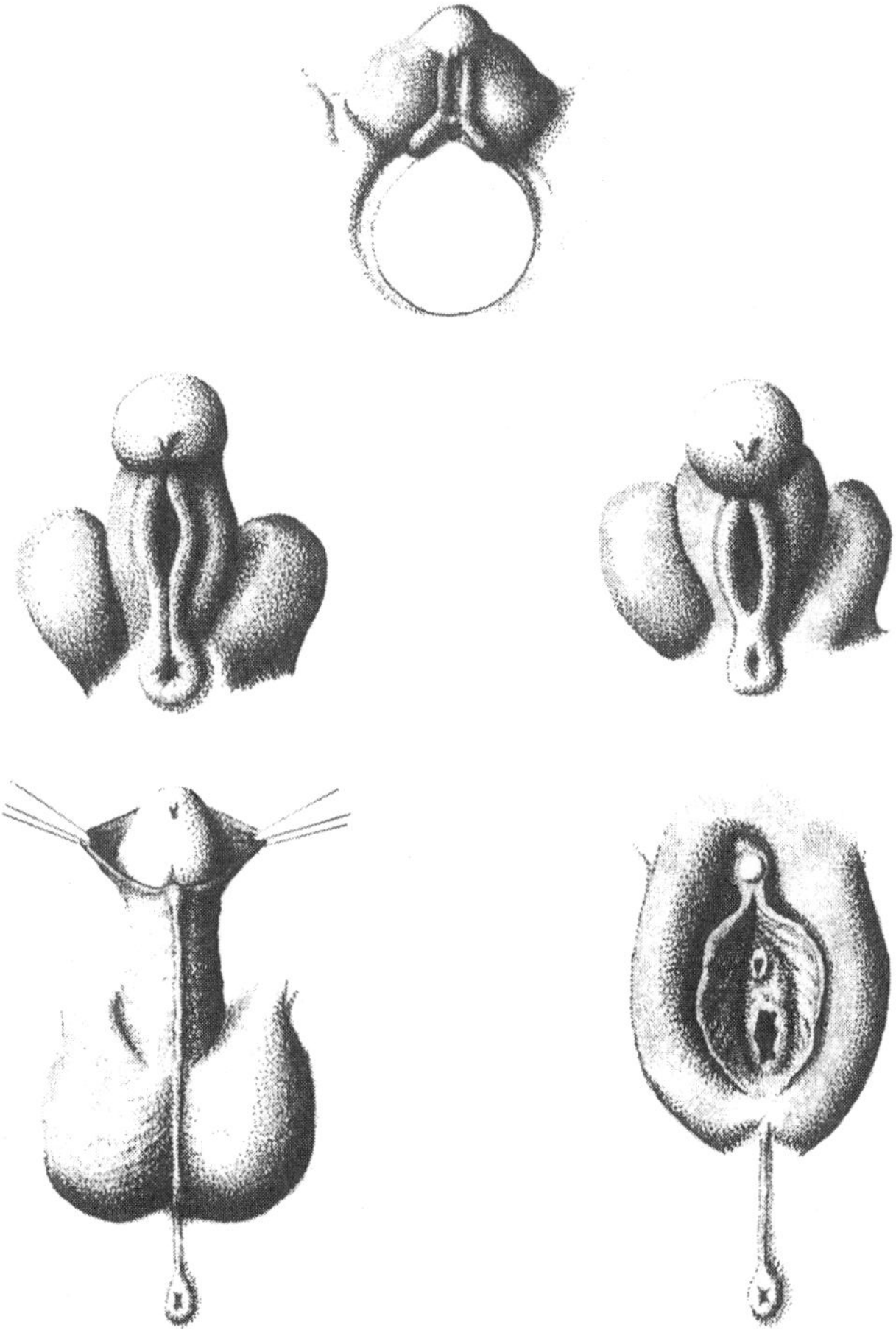

子宮内にあるとき、初め男性と女性は区別がつかない——両方とも組織が堤状に盛り上がった部分があり、そこから生殖器が生ずる（上）。男性では、先端が伸びて陰茎と包皮になり、中心線に沿って両側が癒合し、肥大して精巣になる（左）。一方、女性では先端はクリトリスへ分化し、両側は小陰唇になる（右）。

と結びつける美的センスを進化させたきっかけは、刺激的で、繁殖力豊かな雄と交わることが、雌の神経を心地よくくすぐったことであった。雌のオルガスムを感じる能力は、雄がもつ精子植えつけ装置の優秀さを知らせる、無意識の神経回路があることを反映している。

カゲロウのペニスのランナウェイによる多様性の由来は、カゲロウの種形成にまでさかのぼる。自分と同じ種の交配相手をみつけそこねたカゲロウの個体は、子孫を残すことができない。雄は雌に精子を与えようと競争するし、一方、雌はもっとも繁殖力の強い雄をみつけて交配しようと競争する。雄の他の形質と同様に、雄の生殖器も、意識的か、無意識のうちかはともかく、卵をつくる側である雌によって選別される。エバーハードは次のようにのべている。「雌は、自分の生殖器に機械的に適合できるかどうかという基準か、さもなければ、自分の生殖器の辺りにもたらされる興奮にしたがって、雄の生殖器の優秀さを識別する。このような雌による識別がいったん確立されると、たとえその雄の生殖器が精子の注入に関して、他の雄よりとくに優れてはいなくても、雌の要求（自分をより強く抱きしめるか、肉体のより広い面積で接触してくれるか、より頻繁に撫でさすってくれるか、等々）によりよく対応できる雄ほど、選択の上で有利になる。雌を〈確信〉させられる能力が雄の適応度を上げる」[10]。

進化の論文において性選択をめぐる混乱があるのは、部分的には、何が選択の対象になるのかに関する首尾一貫した哲学的理論がないことと関係がある。複雑な行動によるコミュニケーションで満ちあふれた世界では、当然のこととして言語が進化する。たくさんの発信者からのメッセージが混合し、絡み合った世界から、単一の目的や明確な意味を拾いだすことはできそうもない。例えば、帽子にはもちろん実用的な機能——頭を暑さ、雨、太陽光から守る——があるが、それには性的な価値だってあるかもしれない。われわれの進化は、頭の上にある帽子とともにあったわけではないが、このような肉体の拡張物は、雄のペリカンの膨らんだくちばしとちょうど同じように、複雑な性的魅力と配偶者選択に影響を与える。

小説家ミラン・クンデラは帽子は手品の小道具だといっている——帽子、それは頭を拡大し、顔に縁どりを与え、単なる機能には還元できない美的オーラを演出する。肉体の拡張物のいくつかは、他を惹きつけるという点で性的意味をもっている。これについては、ペリカンの雌も、半ば盲目的な将来の配偶者とおそらく同意見であろう。超「ウォレス主義者」だったら、帽子は、技術を使ってヒトの肉体を拡張したものとみて、これらは頭部の熱調節器だから、それを被っている人は強健であることを意味し、配偶者として望ましいのだと説明するかもしれない。帽子のうちのいくつかが配偶者候補を惹きつけるのは、彼らにとってそれが「よいとみえる」からである。別の頭飾りには、例えば、それが乱暴な敵の種族の接近の象徴である場合のように、他を遠ざける効果をもつものもありそうである。帽子には絶対的な意味はないが、何かを象徴している。長大な時間にわたって選択的交配の歴史が続くと、肉体および肉体拡張物に注目すべき違いが現れ、それが生物集団の分散化をもたらす。究極的には、その起源は性的なものであろうとなかろうと、特殊な形質の所有者は、その形質を所有していない相手とは交配しなくなる。

技術、文化、文明、そして芸術は、われわれを自らの動物的部分から遠ざけてはいない。むしろ、逆にわれわれの動物的性質を際立たせ、それを拡張している。われわれ哺乳類の祖先は、四つ足の脊椎動物で、その攻撃と防御の主要な手段は顎であった。われわれが頬骨の高い顔を美しいと思うのは、かつての脊椎動物が顎のもつ力に畏敬の念をもった名残りなのであろう。大きな体格を尊重する階層性哺乳類として、人々は、高い壇上で大声を上げる指導者に喝采を送る。年頃の若者たちは、大きめのサイズの衣類を着て、自分を大きくみせるか、さもなければ、ぴったりした衣類で身体の線をみせることによって、より小さく、やせぎすで、それに応じてより聡明そうにみせたがる。「原始的な」な祖先の動物にとって替わったと思っているが、われわれはいぜんとして、性的誇示の好きな、尾のない、嫉妬深い霊長類なのである。相手が突然、恥骨、ペニス、尻、あるいは乳首をむき出しにすると、われわれがそれを気にする反応を示すことは避けがたい。われわれは待ちかねるように、めまぐるしく変わる性的信号に注意を払っている。鼻飾り、耳飾り、ミニスカート、トレンディーなサングラス、肩章、かつら、口紅、ネックレス、指輪は機能性の点ではさまざまだが、すべては性的な伝達手段である。ファッションは、生理的多様性と性的成功度の間にかつて関連があったことを誇張的に示している。われわれが同種の、交配可能な相手ごとに違いを感じ、違った反応を示すのは決して気まぐれからではない——それは、何百万年という進化に対する、意味深長な応答なのである。

無意識の推理と信頼

遺伝的に規定された行動は、動物を騙されやすくする。騙されやすいカモメの例をとり上げてみよう——彼らは発育の決定的時期に別の種を目にすると、後になって、その「誤った」種のメンバーに惹かれるようになる。子供ができないので進化的には無意味であるにもかかわらず、一生を通じて不適当な相手と交配しようと努める。ニシンカモメ、サイヤーカモメ、およびハイイロカモメ——これらはカナダおよびアイスランドの地域に一緒に営巣する——は、人間の目には区別がつかない。しかし、この三種が雑種をつくることは決してない。それは、雛のときに巣にいる仲間の虹彩および眼の周りの色彩に刷込みを受けるからである。彼らの天然の「メイクアップ」は淡い黄、淡いオレンジ、淡い紫と違っている。一群れの雛たちを別の色のカモメの巣へ移したり、絵に描いた眼の輪をみせたりすると、彼らは騙される。[11] そのような雛たちが成長すると、他種のカモメのメンバーと交配しようとするが、相手はそれを拒絶する。彼らの眼の辺りの色彩が「違っている」からである。

家畜化したホロホロチョウは、物理的接触ができないようにしておいても、母鳥が雛の世話をやこうとする。同じ雛たちを音を遮断するガラス製のベルでカバーすると、母鳥は彼らを無視するようになる。このことは、母鳥は雛たちのピヨピヨという鳴き声に応答しているのであって、彼らの姿をみているのではないことを示している。最近、ショウジョウバエを用いた研究によって、このハエの配偶行動に関係する脳の領域の発達についての情報をもち、それによって求愛行動を制御している遺伝子が単離された。ヒトも例外ではない。それどころか、われわれは複雑な知覚能力をもち、次世代へのチケットを手に入れるには異性愛に没頭することが絶対に必要であることを知っているから、たがいを、そして自分自身を巧妙に騙している。

われわれがものを見、音を聞くということは、単に感覚という透明な窓を通して外部の現象を受動的に受けとることを意味しているのではない。それらは積極的に、本能的に、そしてしばしば不正確な形で構築されるものである。とは言っても、感覚を通じて流れ込むデータなしには、われわれは世界を思い描き始めることはできない。動物たちは、それ以前の微生物も同様だが、周囲の世界、とくに生命進化というゲームにおいて自らを永続させるのに重要な意味をもった世界を感じとるために、経済的な方法を発達させてきた。われわれがどのように世界をみているかを調べた、初期の研究者であるヘルマン・フォン・ヘルムホルツ（一八二一～一八九四）は、ヒトの知覚作用を「無意識の推理」と性格づけた。

巨大な世界に住む、大きな脳をもった肉体という制限を受けて、われわれが行いがちなことは、証拠をすべてとり入れる前に、衝動的に結論を出すことである。事実、われわれは何らかの結論を出す前に、それに関する証拠をすべて集めることはとうてい不可能なので、他の種類の生物たちと同様に、何時も限られた情報に基づいて行動している。それにもかかわらず、外気の下、自然光の中で、歩き回れて、必要なものに接触することができ、それらを二つの眼で三次元的にみるという条件の下であれば、われわれが頭でひねりだす世界は非常に信頼できると思われる。知覚作用は、微生物の化学感受性からイルカの超音波感受性まで、生存と遺伝的連続性にとって決定的重要性をもっている。われわれと仲間の動物たちが子孫を残し、彼らが生き抜くためには、われわれや彼らが頭に描くイメージが多少なりとも、周囲の現実に対応していなければならない。とはいっても、再構築した現実は正確なものではありえない[12]。

無意識に行う推理は微妙で、つかみどころがない。オレンジを考えてみよう。午後の直射日光の下ではより黄色にみえるし、日没時の間接光では青みがかってみえるし、陽が落ちると赤みを増し、陰の部分ではぶつぶつが目立つにもかかわらず、われわれはそれを何時も同じ色のオレンジであると感じ続ける。われわれの眼の網膜を裏打ちしている円錐細胞と、脳における神経の働きの合作によって、自動的に色の変化の補正をもたらしているのである。それによって、われわれは同じように食欲をそそる一個の果物という、一定不変の見解を構築している。ところが、その同じオレンジをナトリウムランプなど、われわれが進化的に慣れ親しんだものとは違う波長の光の下で眺めたとすれば、それは非常に違って、おぞましくさえみえるかもしれない。

スタンフォード大学の実験心理学者ロジャー・シェパードは無意識の推理を次のように説明している——

三次元世界における何百万世代もの進化を通じて、視覚系はきわめて効果的に、世界で何が起こっているかについて、正確で、信頼性のある内部画像をわれわれに提供するようになった。経験がわれわれに与えているのは、ある意味では、外部世界へ直接、媒介物なしにアクセスしているという「幻想」である。われわれは三次元的環境は安定で、継続的で、不朽なのだと感じており、そのような感覚を瞬時に構築するのは、けた外れに複雑な神経装置なのだということに少しも気づいていない。また、網膜の興奮は、次々と変わり、途切れ途切れであり、部分的であり、逆さまであり、曲がっており、二次元的パターンであり、それらから脳の装置がわれわれの視覚世界を構築しているのだということにも、われわれは気づいていない。[13]

環境の様相が不変か、もしくは予知可能な方法で変わる——物体とその陰の関係がそうであるように——場合には、動物たちは知覚の近道を進化させる。無意識のうちに推理しながら、彼らは生き、交配し、たくさんの子孫を残す。

パラボックス

無意識の推理の過程が、正確にはどのように始まるかには議論の余地がある。しかし、われわれが容易に騙されるということには疑いの余地がない。むかしからの「月の錯覚」を考えてみよう。地平線近くにある月は、とくに秋には、二、三時間後に真上にきたときよりも、大きく、われわれに近く位置しているようにみえる。一冊の学術書がまるまる、何百ページをも使って、この簡単そうな現象に複数の説明を加えるために捧げられている。ノーベル賞受賞者のマックス・デルブルックの著した「われわれがほとんど何も知らないことを、われわれはどれほど少ししか知らないか」である。[14]

パラボックス――錯覚を誘う図。この図のコピーをとり、折りたたみ、のりづけして、パラボックスをつくってみよう。

パラボックスは、オレゴン州オルバニー在住の手練の芸術家ジェリー・アンドラスの考案した、三次元視覚に関する錯覚である。パラボックスは、上の図のコピーをとり、それを切り離し組み立ててみると、再現できるであろう。われわれの知覚の「近道」の一つは、紙の表面にみえるものから、頭の中で立体を組み立てることだから、腕の長さよりやや短い距離から、一方の眼でみると、PARABOXが逆転して突き出し、無気味な動きを示すであろう。われわれは円をみると球を想像するし、四角形や平行四辺形をみると直方体を想像する。たいていの物体は、パラボックスとは違って、「裏返し」にみえはしない。われわれは、平たい二次元の表面から、立体的、三次元的物体を読みとっている。

動物たちはこの傾向を利用することを学んでいて、かつて信じられないほど繁栄した恐竜の多くがそうしたように、三角形のせびれ、翼、のど仏などの表面をみせつけることによって、自分をより大きくみせようとする。映画セットの製作者が建造物の中身よりも正面をつくることで経費を節減するように、多くの種は、大きくみせるようなみかけや他に誇示する特徴を進化させてきた。交配相手をめぐって争っている雄のトカゲたちは、窮地に陥ると、より大きくみえる体の側面を相手にみせつける。みせかけと行動の変化は、常に体全体の変化よりも速く進化する。両方の目を開けると、パラボックスの三次元性は損なわれる。しかし、知覚は感じるものではなく、構築されるものであり、知覚は受動的なものではなく、継続的精神作用に関係したものだという学習効果は残っている。われわれは、不完全なデータから積極的にわれわれの世界の構築、とくに他者や自分の感情を知覚するという構築作業を行っている。誤解、ごまかし、欺瞞のタネはいたるところにある。

両眼でパラボックスをみれば錯覚は解消することから、われわれの知的構造が説得力に富むものであることがよくわかる。決定論的な数学の厳密さは、理論的には満足のいくものではあっても、実際の生物のもつ混乱した現実を完璧に叙述することは決してできない。確率論（科学では、集団生物学から熱力学や量子論にまで及ぶ）は、ものごとの不正確さ、危険率、そして蓋然性に光を当てるものであり、その重要性は現在増大しつつある。厳密なことに比べて蓋然性がどのぐらいあるかを計算することにより、世の中について数学がのべる厳密な結論に対してわれわれの抱いた希望が、不可能なものとなってしまうことを、われわれはしぶしぶ認めざるをえなくなる。原則としてさえも、われわれの感覚も、われわれの数学も完全なものではない。

媚薬

自然はしきりと、われわれに生殖することを促す。われわれが自分の種を増やすのである限りは、途中でわれわれが死ぬかどうかには、自然は別にとんちゃくしない。薬剤、つまり非常に特異的であり、予知可能な効能をもつ純粋な化学物質は、細菌が地球を支配していた古い時代から、性に対して大きな影響を及ぼした。例えば、抗生物質のテトラサイクリンを細菌の培地に加えると、遺伝子転移率で測定する限り、細菌のもつ性の率は一〇〇〇倍にも増える。簡単な化学物質が、性的変化をも含め、著しい生理的変化をもたらすのである。内因性のものも、外来性のものも、ムードを変える薬剤はたくさん存在する。

ある種の天然の薬剤はあまりに強力であるために、本来の知覚（および情緒）の生化学的調節剤として、われわれがそれを遺伝的に受け継ぐのならばともかく、利益を得るために売買することは禁じられても不思議でないほどである。そのような薬剤の一つは、筋収縮剤のオキシトシンで、その効能の一つは、新たな産婦に母乳の分泌をうながすことである。オキシトシンを阻害する化合物を、出産直後の一時的に子供と離したラットの雌に与えると、その母親は子供を助けたり、抱いたり、世話したりするという興味をすべて失ってしまう。山地に穴を掘って住む野ねずみは、出産直後に新生児と離れるのがふつうだが、彼らのオキシトシンの血中レベルは、子供の面倒をもっとよくみる平地の野ねずみよりも低い。平滑筋の収縮を促進する、「抱擁化学物質」であるオキシトシンは、乳を吸われることによって母体の血中で上昇する。オキシトシンのレベルは、男性の血中でオルガスムの間に五倍に増大するし、女性の血中ではセックスの後で、それよりもさらに高濃度になることが知られている。授乳中には、コルチゾル（副腎皮質ホルモン）のレベルと血圧が低下し、母親の胸部の血管が拡張することで、乳を吸う赤ん坊に暖かさをもたらしている。闘争中の雄で、コルチゾルやエピネフリン（アドレナリン）など、血糖値と血圧を上昇させるホルモン濃度が高められるのとは逆に、授乳中の母親の血糖値は低下する。[15] 荒々しい、テストステロンに駆り立てられた戦士（あるいは、その現代版である、ステロイドの充満した運動選手）とは対照的に、彼女はもの静かに養育にはげみ、誰にも脅威を与えない。視床下部で合成されるオキシトシンのレベルが上がると、彼女はもの静かになる。

明らかに、この「抱擁薬」は、人類の性の進化において一つの役目を果たしてきた。われわれの祖先の雄と雌の双方で、オキシトシンのレベルが上昇することが、おそらく、彼らに性交の後にもたがいに一緒にいたいと思わせたのであろう。われわれの祖先は家族のきずなを強めるにつれて、より聡明になり、よりよく愛することを知り、社会的つながりをもつようになっていった。一緒に働くことは、捕食者への備えでも、食物の獲得でも好結果をもたらした。その結果、オキシトシンという愛の薬で部分的に連合した、当時のヒトのある部族が、そのようなつながりのより希薄だった他の部族を征服したのかもしれない。

オキシトシンは、仮に「惚れ薬」とみなされているフェニルエチルアミンと対比することができる。[16] マウス、アカゲザル、その他の哺乳類にフェニルエチルアミン（ＰＥＡ）を注射すると、彼らは快楽のうめき声を発し、求愛行動を示し、薬をもっと得たいと中毒にかかったように、レバーを押し続ける。ＰＥＡは天然のアンフェタミン様分子――恋人たちのための天然の覚醒剤「スピード」――であり、植物由来の幻覚剤に似ている。一体になろうとセックスに深く没頭している二人の中では、ＰＥＡのレベルが上昇しており、それが神経細胞の間の情報の流れを加速している。ＰＥＡは一種の天然のムード盛り上げ役であり、ニューヨーク州立精神医学研究所のマイケル・リーボビッツとドナルド・クラインが「アトラクション・ジャンキー」とよんだ連中には欠けているらしいものである。アトラクション・ジャンキーとは、いわゆる「新婚時代は終わった」という以前の、初期の無我夢中時代の激情を味わい続けたいがために、常に新たなセックスの相手を追い求める好色な大人たちのことである。たいていのカップルは、興奮の程度が下がり、ＰＥＡの介在によるのぼせ上がりが薄れた後でも、二人の関係を放棄することはない。事実、アトラクション・ジャンキーのＰＥＡレベルが低下したときの、彼らの意気消沈は誰の目にも明らかなほどである。リーボビッツとクラインはアトラクション・ジャンキーに抗鎮静剤（ＭＡＯ阻害剤）を処方した結果、抗鎮静剤で治療しなかったものに比べて、はるかに速やかに効果がみられることに気づいた。

ＰＥＡは恍惚の感覚を伝えるだけでなく、恐怖のときにもそのレベルは上昇することから、危険という感覚をも伝えることがわかっている。ＰＥＡのバランスが崩れたり、不足したりすると、危険な状態を追い求めるようになる人々もいる。ギャンブルで勝って、「ハイ」になるというのも、ＰＥＡのせいであるかもしれない。恋に陥ちることで得られた幸福感、喜び、神経の昂りは、自らを危険や恐怖にさらすことによって増強される可能性がある。自然がもともともっていた「スピード」として、ＰＥＡは、新しい、危険な状況を処理するのに必要な機敏さと自信のようなものを与える。例えば、ぐらぐら揺れる吊り橋の上で出会った場合の方が、それより安全な大学のキャンパスやオフィスで会った場合よりも、男は女にデートを申し込む率の高いことが研究によってわかっている。危険は性的魅力のように、脳をPEAで溢れさせる作用がある。チョコレートを食べた後にもPEAは上昇する――なぜチョコレートがロマンチックな贈り物に使われるかの一つの説明になるであろう。[17]

ロマンス

ウエブスターの辞書によると、ロマンスには「情熱的な恋愛事件」と「事実という基礎を欠くもの」という二つの定義がある。生き物は自らを維持し、再生産するよう知覚作用を働かせなければならない――有性生殖を行う動物には、たがいに作用し合うように知覚することも必要である。このような知覚に普遍性があるとすれば、嘘をつくことと愛することとがしばしば絡み合っているとしても、われわれは驚きはしない。生物はたがいに遺伝子を伝え合うことを必要としている。それを行うために、生物たちはたがいの感覚識別系へ働きかけるすべを進化させてきた。

生殖力をもつという信号――若々しい肌、なまめかしさ、社会的地位――は、一つの交配相手が次世代に対して遺伝的に貢献する資格があるということの公告である。単に生殖力だけでなく、これらの信号は、将来の理想的子孫におそらくふさわしいと思われる、生殖的潜在能力を無意識のうちににになっている。赤ん坊に合成写真――実在の個人のものではない写真――の中から、一番好きなものを選ばせるという、一連の有名な実験がある。完全な形態をした理想の王国についてのプラトンの概念の進化版として、われわれは生まれながらに、何が美を構成するかについて独自の理想をもっているかのようである。信号へのこのような依存性を考えれば、異なってはいるが、相互依存的な遺伝的利害をもつ男女が、相手を欺くような戦略を進化させてきたことは、まず驚くにはあたらないであろう。つまるところ、問題になるのは単に現在の生命ではなく、未来の世代なのである。

われわれが愛とよぶものは、自然の示す生化学的策略に深く依存している。例えば、われわれが性的魅力があると思う異性の匂いは、子孫が健全な免疫系をもてるかどうかと関係したものである。性的魅力とフェロモンの間に何らかの関係があるかどうかを調べる実験で、女たちに男が数夜肌につけたまま寝たTシャツの臭いを嗅がした。その結果、女性たちは、自分たちには欠けている組織適合タンパク質に関連した臭いに惹かれることがわかった。言い換えれば、われわれは自分に欠けた相補的免疫系の臭いを渇望しているのである。それと同様に、ロマンチックな愛着――みるものの目に映る、愛するものの特別の「光」つまり「オーラ」――も、哺乳類特有のフェロモン介在性の刷込み現象であるのかもしれない。嗅覚は記憶と結びつき、脳の言語処理中枢とは隔たったものである。ヒト以前の霊長類の祖先にとっては、おそらく、これが最重要の感覚だったであろう。交配相手の接近を示す性的作用や、彼または彼女の個人的臭いにさらされることが、むかしの哺乳類の祖先には性的愛着への強い引き金となった。われわれ哺乳類の祖先が夜行性であった、新生代の初めから、雌は嗅覚による値踏みと記憶によって、交尾をしてやる雄を見分けていた。何はともあれ、欲望と愛には古い歴史がある。これらは化学的に仲介された生物学的現象である。

有性生物どうしの騙し合いはいたるところにみられる。しかし、異なる種の生物でさえも、まがいものの愛の魅力を利用して、たがいの目をくらますことがある。道ばたに咲く花であるシレーネ（*Silene*）という属の雄は、ウスチラーゴ（*Ustilago*）という真菌による感染を受ける。この真菌は黒穂病菌に近縁で、シレーネの花を「誘惑して」種をつくらせる。ところが、これらの「種」はみかけは本当の植物の種に非常によく似ているのだが、実際にはその中に真菌の接合体が含まれている。これと同様に、ランも天然の性フェロモンをつくったり、近眼のハチの雄や知らない植物学者だと雌のハチの体の一部と見誤る形の花をつくったりする。鮮やかな色の花をもち、有性生殖する植物（種子植物）の多くのものは、動物たちの性的好みを利用することだけに頼って、自分たちの生殖を遂行している。これは好色性が生物界を超えて存在することを表すだけでなく、有性生殖におけるハイジャックでもある――一つの種は、広告と存在が損にならないと知ったとき、新たな、より効果的な熱力学的経路を確立する。

先にみたように、誘惑（性的欺瞞）は、種の壁さえも越える。乱交でも、貞節でも、雄でも、雌でも、両性具有でも、騙す方法やそれを見破る方法は、それが生命を永続させるものである限りは、維持され進化する。生物学者ロバート・トリバースは、ある鳥たちのもつ数学的検出技術について報告している。彼らは数を数えることができる――少なくとも、自分の巣にある卵が多すぎるか、少なすぎるかを検出できる程度には数えられる。このような計数能力は、子孫を保護し、自分の子供だけを育てる行動へと進化した。[18] 騙す能力、あるいは、自分と同じ種か、別種によるかにはかかわらず、騙されていることを見破る能力がまさに選択された結果、知性、識別能力、そして批判的思考がもたらされた。これらの手段が新たな、繁殖力豊かな子孫をつくるという目的につながる限りは、性的感知能力――そして、それと関連した知性も、それ対抗する知性も――栄え続けるであろう。進化は手段を選ばないからである。

猿の惑星

われわれは、地球上で図抜けて個体数の多い霊長類である。それでも、いぜんとしてわれわれは霊長類であり、哺乳類の一員であり、胞胚形成動物として、物理法則と、進化の歴史に規定された経路依存的なしがらみに縛られている。われわれの言語的、文化的、技術的能力の根は、すべて動物の世界にある――そして、動物は、これまでみてきたように、本質的に性的な存在、つまり減数分裂と受精をくり返すものであり、共食いの生き残りに由来する、胚形成性の子孫であるとともに、彼らを裏切った集団なのである。顕微鏡を覗けば、アメーバのような水中の有性生物とさえわれわれはよく似ているのだから、われわれは他の生物とは違うと主張してもむだである（第4章参照）。実際、われわれには、自分たちを他の生物から区別しようとする強い傾向があるが、これさえも、おそらくは有性生殖動物が自分たちを他の類似の生物と差別する必要のあったことの反映なのである。少しだけ違った形の生物たちの中から、自分の交配相手になれるものを識別しなければならないのは、われわれもボノボ（ピグミーチンパンジー）と同じである。自己永続性、有性生殖性の存在として、動物たちは自分と同じ種の仲間を識別し、自分を売り込まなければならない。ヒトは自信が性的魅力の一つであることを知り、自己を区別し、性別を誇示することが生き残る前提であることを知っているから、自らの種と異性を見分けるのに必要な識別能力は、おそらく、自分が唯一無二の優秀な種に属しているという、われわれ自身をみる見方にも役立っているのであろう。

現生の類人猿の社会的ならびに性的習慣はともに、われわれのもつ性的遺産について知る手がかりを与える。性は二つの大きなタイプに分割できるかもしれない。そのおのおのは、あるヒト以前の「道徳性」、つまり、種を基礎とした社会的、性的作法の領域と関係をもっている――チンパンジーとヒトが一方の側にあり、ゴリラとオランウータンが他方の側にある。これら二つの集団は非常に違っている――その違いは、身体と生殖器の相対的大きさに現れている。チンパンジーの雄と雌の身体の大きさは、ヒトと同様にほぼ同じである。やはり、ヒトと同様に、チンパンジーの雄は相対的に大きな生殖器をもっている。実際には彼らの方が精巣の大きさは大きく、一回の射精ごとにヒトの男性よりもたくさんの精子を放出する。男性生殖器が相対的に大きいことについての一つの説明は、ヒトがかつては乱婚の風習をもち、当時の祖先は優れた精子注入をもつものが進化的に有利だったということである。しかし、現在では、われわれの基準からみて、チンパンジーの方がはるかに乱婚的である。排卵すると、膣の周囲の皮膚が赤く膨らむことで外見上の見分けがつき、そのような雌はグループ内の多くのメンバーと、堂々と頻繁に交尾を行う。すべての雄たちは、彼女が発情期とよばれる受け入れ可能な時期になったことを、尾部が赤く腫れたのを見て知る。

対照的に、オランウータンの雌も、ゴリラの雌も乱婚ではない。彼らは排卵期にも、相手となりうる多数の雄の注目を引くように生殖器をさらすことはない。ゴリラの闘争は、雄による肉体的威嚇によって行われる。陰嚢にぶら下がった精巣に精子を貯蔵し、抽送とペニスから勢いよく射精をして精子を送りこむことは、ヒトとチンパンジーにとってはきわめて重要だが、ゴリラやオランウータンの生活では、それらはあまり重要ではない。男性やチンパンジーの雄が、ゴリラやオランウータンよりも長いペニスと大きな睾丸をもち、より多くの精子を生産することは、おそらく彼らの方がより多くの性的出会いをもつという傾向と直接関係があるだろう。

ゴリラは「ハーレム」という繁殖システムに甘んじている。そこでは一頭の、たいていは年上で、灰色の毛をいくらかもつ雄（シルバーバック）が、他の雄たちを支配している。この優位の「アルファ」雄が雌の選択権を握っている。彼は大きな体格を誇示して、雌や若い雄たちを牛耳ることによって支配権を確立している。彼のペニスは小ぶりで、勃起しても一インチほどしかなく、送りこむ精子の量もそれに応じて少ない。その替わり、雄のゴリラは激情的である。支配者であるアルファ雄は、生殖力のある雌が他の雄と交配するのを妨害する。これとは逆に、雄と雌の間で体の大きさがあまり違わず、雄の攻撃性が低く、したがって性的占有性が低い霊長類の種では、競争は肉体を傷つけ合うというレベルでは表れず、生殖器の抽送能力や精子の泳動能力のレベルで表れる傾向が強い。雄のチンパンジーたちが仲間うちで争うことなく、発情した雌を共有する限りは、速く泳げる精子をもっともたくさん、もっとも卵の近くまで送りこめるものが、もっとも進化の勝者になりやすい。闘い合うものたちの間では大きなサイズの身体の方が有利だが、愛し合うものたちの間では、大きな生殖器が有利となる。[19]

われわれを含め、類人猿のつくっているのは、カップルおよび、さまざまな相互作用をもつ他の異性関係からなり立っている複雑な社会である。類人猿の共通祖先からわれわれまでの進化の間には、性生活の形態にさまざまな変化があったが、われわれとそのもっとも近い親類たちとの類似性は、われわれが認めたいと思う以上にはるかに強い。

実験室で類人猿に記号を覚えさせると、彼らは鏡に写された場合にもそれを認識できるが、これは他のサルにはみられない形質である。エモリーの行動学者フランスB・M・ド・ワールがここではとくに、ボノボ（*Pan paniscus*）「ピグミー」チンパンジー（よりなじみ深い、彼らの親類に比べて、より黒く、より額が突き出していて、耳が小さく、鼻孔の幅が広い）についてのべているのだが、「この類人猿が立ちあがり、直立歩行するのをみると、彼らはまるで、初期の人類について芸術家が抱いている印象の中から直接踏み出してきたようにみえる」[20]。われわれを区別する形質には、直立姿勢、ほとんど体毛をもたない皮膚、大きな脳、発情期はとびとびであるのに常時性行為が可能であること、相対的に大きな男性生殖器、そして発声のときの喉頭、口蓋、咽喉、唇、および舌の複雑な使用法である。われわれ自身をもっとも近しい親類たちと比べてみると、われわれが類人猿であったときの過去について、進化的洞察が得られる。

オランウータンはボルネオの森林の孤独な住人である。残念なことに、彼らは今では、主として動物園にしかいない。この哲学者のような顔をもつ類人猿の体のサイズは、ゴリラのおよそ三分の二で、雄は大体雌の二倍の大きさの身体をもっている。交配するとき以外、夫婦はほとんど接触せずに過ごしている。これと比較して、直立することが少なく、ずっと大きいゴリラ（*Gorilla gorilla*）の生息地は赤道アフリカで、一頭の雄と数頭の雌からなる小さなグループで暮らしている。オランウータンよりも社会性はあるが、性的に受容性のある雌を利用できるのは、たいていは一頭――巨大で、体格の優れた成体のシルバーバック、つまりアルファ雄で、彼は若い侵入者や、道を外れて他の誰かと交尾する雌を懲らしめる――だけである。最後になったが、大型類人猿の中でもっとも社会性の高いのはチンパンジーである。この類人猿――主な形態が二つあり、そのうちの一つであるボノボの示す性行動はもっともよくわかっている――は、いくつかの点で、大型類人猿の中でももっとも人間的である。ボノボは、他の類人猿ならば性行動をしそうになかったり、社会的に不適当に思える状況の下でも、一日の間に当たり前のように、たがいにマウンティングを行う。マウンティングや交配は、オレンジを貰うとか、彼らのすみかに好奇心をそそるような、大きなボール紙の箱を置くといった、明らかに関係のないことをきっかけとしても行われる。ボノボと「ふつうの」チンパンジー（*Pan troglodytes*）の性行動を現生人類ホモ・サピエンス（*Homo sapiens*）のそれと並列してみると、われわれの性の歴史がどのようなものであったかを推論できる。

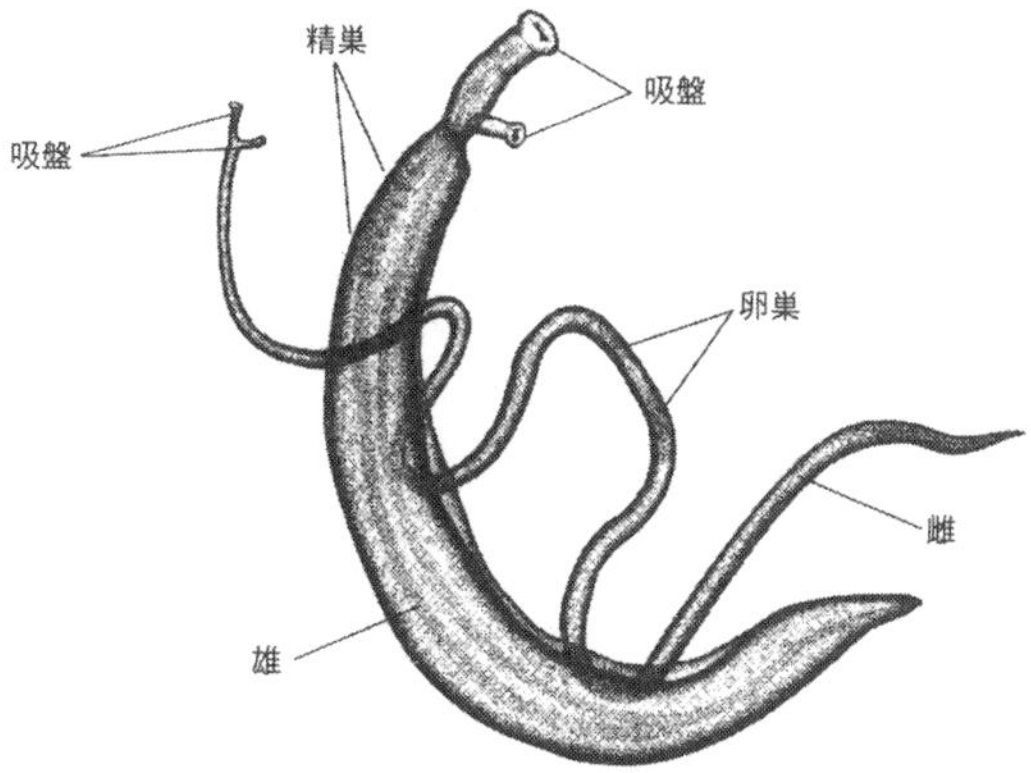

カンテツ（扁形動物門）——熱帯地方の人々の命を脅かす、この寄生虫は永遠に交配の姿勢を維持している。雌雄同体の彼らは肝臓ではびこり、何百という卵を生産し、それらを患者の血液などの組織へ産みつける。

支配的な闘士から子供じみた恋人へ

性的二型性*、つまり生物の雄と雌の違いを表す形質は、植物と大部分の動物に共通にみられる。カンテツという、一生の大部分を交尾状態で過ごし、犠牲者（われわれ）の体内に受精卵を生みつける吸虫でさえも、「機能的雄」（上図の太い虫）は「機能的雌」（上図の細い虫）とは違っている。このような「機能的」性的二型は奇妙に思える。なぜならば、おのおのの虫の個体は、太った精子生産者も、やせた卵生産者も、ともに二種類の性器官（卵巣と精巣）をもっているからである。両者とも雌雄同体なのだが、各配偶者はある時点では、一セットの性器官の一方しか使わず、配偶行動では機能的雄か、機能的雌としてしか行動しないので、その結果、みかけも違ったものとなる。

性的二型は動物一般に共通に存在する。人間でいえば、性的二型には体重、身長、体毛のパターンの違いなどである。われわれの祖先の間では、これらは、銀色の毛を背中にもつゴリラの雄の支配者の形質の人間版であったことは疑いない。今でも、成人の男性は女性よりも、銀色の毛をしたゴリラと同じで、二型的に優越性を示す形質を誇示する傾向がある。それらの形質に含まれるものとしては、大きな身体、嫉妬に狂った争いのとき役立つがっしりした筋肉、男性特有のはげ頭、ぼさぼさの頭髪、濃いめの毛髪や肌の色、低い声、荒々しいふるまい、顎ひげ、口ひげ、もみあげの銀髪やすじ状の銀髪のパターンなどである。生殖器から示唆されるのは、われわれがチンパンジー様の乱婚の過去をもっていたことだが、アウストラロピテクス・ロブストス（*Australopithecus robustus*）など、そのようなヒト以前の原人は、性的二型性がより低く、より攻撃的で、より頭のよい初期の人類によって駆逐され、滅ぼされたものと思われる。それらの人類とは、一三〇万年から五〇万年前に住んでいた、より現代人に近い種であるホモ・エレクトス（*Homo erectus*）の仲間であった。

とはいっても、われわれは典型的ハーレム繁殖者ではなく、身体的にも、社会的にも最も強力であった原人たちの歴史的流れを汲みながら、多くの優越性形質が、魅力ある力強さと忌むべき横暴さの混ざり合った遺言をわれわれに残している。われわれの猿人界からの脱出は、とても完全だとはいえない。例えば、体毛は類人猿におけるように、かつての象徴としての役目をいぜん残している。べとべとの頭髪、ぼさぼさの頭髪、陽焼けした肌、濃い体毛、高い背丈、白髪混じりの頭髪、男性特有のはげ、これらはすべて雄、攻撃性、優越性を意味する類人猿の身体的特徴である。対照的に、柔らかく、滑らかな肌、色の薄く、柔らかい頭髪は、幼さと子供じみた女性らしさ——威嚇性が少なく、より無邪気な——の象徴である。生物は「可愛い」ほど、より多くの注意を引き、めんどうをみて貰えそうだからである。

ヒトもその他の哺乳類も、大きな眼、相対的に大きな頭、柔らかくて、抱き締めたいような肌、小さな歯などのような幼児形質に心を動かされる。これらの形質は、生存のために親の庇護を必要とする、われわれの子供たちがもつ形質に他ならない。可愛さはとくに重要である。祖先の霊長類ならば、幼児期を過ぎると残さなかったような形質を、ヒトは成人になっても維持している。言い換えれば、われわれは親の類人猿よりも、子供の類人猿に似ているのである。われわれの祖先は発生におけるタイミングのとり方を変え、より未熟な段階で早く生まれるようになったらしい。今日では、われわれの大きな頭は、子宮内ではなく、外へ出てから大きく、膨張を続ける。歴史的には、子宮内で頭が大きくなることは出産時に苦痛を与えるなどの問題をもたらした。一連の形質（大きな頭と眼、小さな犬歯、生涯続く好奇心、そして相対的に少ない体毛）は、ネオテニー*——幼児性への傾向、という概念でうまく説明される。ヒトの成人は成熟すると、より多くの体毛をもつようになるという意味では、類人猿により近くはなるが、それでも成熟した類人猿に比べれば、はるかに体毛は薄い。ビル・クリントン大統領のような最近の指導者をみても、むかしの指導者に比べると、より童顔で、ヒゲ剃りがよくゆき届いており、物腰も髪の毛も柔らかい傾向がわかる。ネオテニー的指導者というべき彼らの顔をみていると、一般的傾向がより威嚇性が低く、「より可愛い」ものへと向かっていることがよくわかる。

社会は一つの単位として行動する。ヒトの人口が増大するにつれて、大きくて、肉体的に強健な男と、小さくて、弱々しい女子供からなる武力外交が展開された。今日では、過去の原人の優越性を示す容貌――大きな体格、低い声、ぼさぼさの頭、はげ、てかてか、白髪混じりの頭髪――をもつ男は、尊敬だけでなく、恐怖をそそりそうである。原人の祖先の人口が多くなると、彼らは見知らぬものに出会う機会が増えはじめた。見知らぬものたちのあふれた都会では、優越性を示す容貌は、潜在的犯罪者や狼藉者であるととられかねない容貌の一つでもある。危険な雰囲気を和らげたいというのが、男たちが顔を剃りだした一つの動機であり、この習慣が始まったのはマケドニアの軍隊であった。柔和にみえるよう髪にくしをいれてなでつけ、はげを隠し、白髪を染め、ソフトで丁寧な言葉遣いで話すことなどは、すべてかつての支配的雄のもっていた激しさに対して、それを和らげようとするものである。

隠れて小用をたすという習慣も、おそらく原人たちが密集して住んでいたことへの一つの対応手段であろう。体臭を隠すのも、人口密度が高まったために、もっと離れて住んでいたときよりも、より近い距離でそれを強く感じるようになったための習慣であろう。現代文化の分析結果が強調しているのは、攻撃性をもつ男も多くの子供をつくりたいと思うときには、自らの支配者的行動を慎むということである。支配権をもつ種族の長が、かつてはどこでも、尊敬と性的注目の的であったのとは大違いである。したがって、ヒトという種においてアルファ雄の野蛮さが敬遠された動機は二つある——人口密度の増大が攻撃性を和らげることの重要性をもたらしたことと、もう一つはネオテニーである。

怠けものの父親たち

物質文化、衣服、言語がなくても、典型的男女の役割はあまりにも簡単に入れ替わることが可能である。すべての爬虫類と大部分の哺乳類の社会構成を通じて、父親と子供のきずなに永続性は存在しない。雄たちは競い合って雌に精子を与え、子供の世話は雌に任せる。雌は自分や子供たちにより多く貢献する雄を選ぶことはできるが、通例、雄と子孫の関係はないか、あっても間接的である。一つの共通の課題は食物の調達である。例えば、精包とよばれる、精子を含んだ食べられる贈り物は、ある種の昆虫の雄では体重の四〇%をも占めている。雄は、雌に精包の養分に富む部分を食べ、後で使うよう精子を特別な器官（受精嚢）へ貯えるようにしむけることによって、食物と将来の世代の遺伝的代表者の交換を行う。性と食の交換という主題の多彩な例として知られるのは、クロヤモメグモとカマキリで、彼らの雌はともに、精包を食べるのではなく、交配相手が精子を届けるという機能を果たした後で、彼自体を食べてしまう。クモやカマキリよりもヒトにずっと近縁の飛行性哺乳類である、ある種のコウモリでさえも精包をつくる。

これと裏腹に、男には多くの女に受精させる肉体的能力が維持されているために、止みがたい衝動が起こり――妊娠中あるいは授乳中のために受精不可能な女から、まだ妊娠していない、受精可能な女へと「浮気」をする。ヒトの新生児が非常に傷つきやすい性質をもっているとすれば、この劇的な衝動はわれわれの初めから人間性に伴われたものと思われる。事実、父親が浮気をする潜在性をもつことは、それを悩む女の心だけでなく、彼女の肉体そのものにも反映される可能性がある。発情中の霊長類の雌に典型的にみられる外陰部や肛門生殖器部の体色変化が、ヒトの女性にはみられない。発情期、つまり排卵期の前後に雌の外陰部が腫れぼったく、ピンク色になることは、チンパンジーやヒヒを含む霊長類にみられる、性的誘惑の一つの手段である。発情期は、雌が排卵していることのしるしである。このように性的に準備ができていることを外へ示せば、何時交配をしようかと正確なタイミングを狙っていた、その種のメンバーにむだなエネルギーを費やさせないですむ。雌がそれを望まないのでない限り、月が替わるたびに、生殖可能との広告をみせられれば雄はたちまち乗ってくる。雌が生殖可能なサインを出すことを止めたり、あいまいにするよう進化した種族で、性に迷って家を空ける父親たちが少なくなったとは考えにくい。大学の寮のように、女性たちが接近して居住していると、月経周期の同調化がしばしばみられるが、これも男性に、ある女性を捨てて、別のもっと生殖力のある女性を探そうという気を起さなくさせるであろう――ヒトの原型のような、ある霊長類の集団で、すべての雌が同じ日に一斉に生殖可能になったとすれば、それは雄たちが遊び回るのを不可能にするのに効果があったことだろう。

今日では、女性は排卵のサインをあからさまには示さない――発情期は隠されている。しかも、大きい乳房――他の霊長類では、乳首はもっていても、乳房が膨らんで、目立つようになるのは授乳中だけであるのと対照的に――をもっていることも、おそらく、何時生殖可能になるか見張っていた、むかしの男たちを混乱させたことであろう。男たちは妊娠しそうにない女性――年とった女性、健康を損ねている女性、妊娠中や授乳中の女性――には、あまりエロチックな興味をもたない傾向がある。われわれが判断するところでは、ライオン、トラ、そしてクマの行動は、これよりはるかにたちが悪い。乱暴な雄たちは、乳を貰っている幼獣を殺し、排卵していなかった母親を性の相手のできる新たな状態に変え、自分たち、興奮した殺人者の精子を突入させる。

乳房が目立ち、発情期が隠されていることは、外部のサインから男たちが排卵を知ることを困難にしているが、おそらくこれらのことが、一時期には単一の女性にだけ——ときに、それが所有欲や支配欲によるものであったとしても——つくすように、男たちをしむけたらしい[21]。言い換えれば、隠された発情期——「性の闘争」における、一種の女性の勝利——は、われわれの祖先の男たちに、子供たちとの間にきずなを形成させる一助となった。それが父親による世話の率を高めた。男性はふつう——例えば、ハスの葉に住むアフリカ・ジョカナ、つまりイエス鳥の雄がするようには——単独で子供を育てることはないものの、われわれの祖先にとっては、子育てにおける父親の役目はもっと小さかったことと、性の役割が変わりつつあるのは最近の現象どころか、それは長いこと流動的であったのだということを、容易に理解できるであろう。

わらいハイエナ

男性による子育てが増加したことは、哺乳類の二つの性に特徴的な進化的変化がどのような表れ方をするかの、何千という例のうちの一つにすぎない。最近の講演で、率直なもの言いをするフェミニスト作家スージー・ブライトは、自分が惹かれている女性の友人についてのべ、彼女が医学的に男性へ転換する一環としてホルモン治療を受けている最中であることを紹介した。その友人は、ホルモンは頭をおかしくさせると告白した。「とてもおかしな気になって、いないいないばーのようなレイプをしたいくらいよ」。このコミカルな表現が、男か女かという遺伝的素質を超越したところで、男性化あるいは女性化するというホルモンの重要な役割をわれわれに気づかせる。いわゆる性の闘争というのは、戦いの相手も、戦いの場もめまぐるしく変わることからみて、長い戦役の中での一つの小ぜりあいのようなものである。男女間の明瞭な肉体の違いや、心理的傾向の差は、主として、みかけ上性の区別のない胚に対してホルモンが働きかけた結果である。ホルモンのレベル、過去の履歴、社会的行動などの多くの要因が、われわれが固定されていると思いがちなもの——身体の性別およびその性行動に影響を与えている。

哺乳類の種の中には、われわれヒトの経験からは想像を超えた、著しい性転換を示すものがある。ここでは、一例——わらいハイエナの「雄化現象」を挙げるだけで十分であろう。現生の四種のハイエナのうちでは、巨大なクリトリスをもったブチハイエナだけが科学研究の対象となっている。これだけが絶滅危惧種のリストに載っていないからである。ブチハイエナ、すなわち、わらいハイエナ（*Crocuta crocuta*）は、雌が「雄のような」印象を与える体格をした、狂暴な哺乳類である。この動物たちはカミソリのような歯をしており、雌だけからなる彼らの一群は、一頭のシマウマを二〇分の間に四肢だけにしてしまう。彼らは骨も噛みくだき、消化するので、糞が白い。

一九九〇年代になるまで、この動物たちの性別を突きとめるのに成功した人はだれもいなかった。その理由は、雄も雌も、彼らは皆、運動するとぶらぶらゆれるペニスのようなものをもっているからである。科学者は今では、この雄のものよりも小さくて、幅の広い「雌ペニス」がじつは雌の肥大したクリトリスであることを知っている。身体が小さく、雌に頭の上がらない雄は非常に長いペニスをもっており、これと交尾する雌の方は膣を完全に欠いている。胎盤をもつ他の哺乳類と違うのは、たいていは双子である子供が生まれるさい、産道を通り、クリトリスを経て外へ出るときに、彼らがUターンをしなければならないことである。痛いだろうと思うが、出産は巨大なクリトリスの内部を走っている尿道に沿って行われる。四ポンドのハイエナの新生児を通すために、尿道の開口部は裂けてしまう。多くの母親は出産のさいに死ぬし、初めに出てくる子供の多くも死産になる。それでも、この種は存続している。なぜだろうか。それは明らかに、攻撃性に富む雌ハイエナがチームを組んで、非常に効率よく獲物を狩り、そのため、高死亡率にもかかわらず、うまく繁殖しているからである。とはいえ、わらいハイエナは決して自然の法則に反しているわけではない。

自然は第二法則と調和をとりつつ、多様化へ向かう傾向がある。とはいっても、自然がその形を保ち、有性生殖によろうとよるまいと再生産を行える限りは、自然は勾配を、これまた第二法則に従いながら破壊している。有性生殖で繁殖する動物たちは群れ集う必要がある。このことは当然、彼らに一団となって勾配を解消する手段を進化させるようにしむける。単独でみれば、出産で死ぬ母親はその遺伝子を伝えていないが、集団としては、攻撃的な狩りをする姉妹たちが、他の攻撃性の低い捕食性動物であるライバルたちとの競争に勝ちを収めている。高い死亡率にもかかわらず、ハイエナ的効率を求める戦略が、これまでも、これからも彼らに多くの子孫をもたらすであろう。

ほんのわずかな化学的変化でも、進化に対して強力な影響を与えることがありうる。これらの雄化したハイエナの母親の子宮では、胎盤がテストステロンを合成する。性転換した人間のように、膣のない雌はおかしなものかもしれない。しかし、種内でも、種間においても、性という世界における生物のあり方は、何が正常であるかについて、われわれがもつ直線的で狭い見解よりもはるかに多様性に富んだものである。ハイエナも、自らの種の立場からすれば、完全に正常なのである。[22] 世の中のファッションをみても、今では女性がズボンをはき、ときにはネクタイをするのに、男性の方は長髪にしたり、イアリングを付けたりしている。このように、進化的時間の経過の間に性による差異は進化し、「逆転」することさえありうる。

6 一緒になろう——未来の性

われわれには性は二つしかない。三つ目の性などというものは想像できない。われわれに想像できるのは、この二つをどうおもしろく組み合わせるかだけである。

——ロバート・ガレル

スーパーオーディネーション*と群集の変身

群集とはおかしなものである。ロックコンサートでも、スポーツのイベントでも、あるいは戦争においても、群集はそれ自体の意思をもっているように思える。しかし、ある種の群集の行動に比べれば、人間のこのような集合状態は、進化的時間尺度からみて無に等しい。もともとは個別に生殖をしていた生物たちは、進化を通じて集まり合って、より大きな集団をつくると、生殖もそれ以外の機能も集団として行うようになりがちである。時間が経つと、多数が一つになることもある。連合することによって、新たな種類の生命体が進化してくる。いくつかの場合には、集合体のメンバーは個別に、あるいは対として生殖することを止めてしまう。おのおのが、新しい、より大きな生命体の一部として作用するようになる場合もある。こうなると、集合体の方が勾配を解消させる上で、集合体を形成していない場合よりも効果的になる。微生物のコロニー、社会性昆虫の巣、ハダカモグラネズミのすみか、そして人間のつくる都市においては、大きな全体としての熱力学的有効性が高まるにつれて、常に性的満足を得たいという願望は犠牲にされ、失われることさえでてくる。永遠に変わりゆく進化の荒野において、集合体はその他のばらばらの遺伝因子と競合し、それらよりも多くの子孫を残すようになる。

喜怒哀楽の情は本質的に社会性と結びついたものである。しかし、その点では動物の肉体も同じである。母親、親族、周囲の仲間、そして同じ種の別のメンバーと密接に、定期的に接触をもつことは、哺乳類、とくに霊長類が成熟し、やがて生殖を行うためには不可欠である。思いがけず注目の的となったとき赤面するのは、毛細血管の作用が高まり、頭部への血流の増加を反映して顔が赤くなるからである。ある社会的状況で当惑することがこのような現象の引き金になるということは、個体の生理が集団の生理と密接に関連していることを示す一つの典型的例である。

精神分析では、欲望とは、失われた対象を見つけて(あるいは、余分な対象を除去して)、自らを完全無欠になったと感じようとする努力のことを指している。しかし、われわれは、常に変わりゆく、散逸的宇宙に存在する開放系である。しかも、われわれは時間が前方へ向かうという認識を宇宙の性質と結びつけているのだから、性的なものであれ、何であれ、変化しない何らかの対象を獲得、もしくは除去することでは、われわれは真に完璧になったとは感じないであろう。欲望——人によっては、それを色欲とよぶが——を遂行するということは、熱力学第二法則と調和し、最終的満足を得られる何らかの目的地に到達することではなく、むしろそれを別の場所へ移すことなのである。

組合わせを換えることは、生命の基本過程の一つである。単語を組合わせたり、組換えたりすることで言葉は生まれる。イメージの組合わせによって芸術も生まれる。生物は、常に違う並べ方で遺伝子を組合わせることによって、二つとないユニークな子孫をつくる［図版9］。性においては、模倣は媚びの最高の形態であり、盗用は忠誠の一つの形態である。共生と性を通じて、生物は他者のもつ遺伝的特殊技能を私物化する。そのような特殊技能を利用することでときには命を救われることもあるが、別の場合には、性は単に気紛れを促進するだけである。しかし、生命には遺伝によって記憶する性質があるから、新たに組換えでつくられた生物は——他のすべてのものと同様に——自らの形態を、ときどき失敗しながらもコピーする。

生命の中心にあるのは、伝統の維持と新奇性、つまり秩序性の反復と多様性の増進というたがいに矛盾する二つの命題を弁証法的に解決することである。[1] 社会的に認められた規範によれば、性のもつ使命は維持の側にあり、一方、遺伝子工学による技術的実験手法は新奇性に立っている。われわれのみるところ、多様性と混ざり合いは、熱力学第二法則および時間の（みかけ上の）前進性と整合する宇宙の基本的傾向である。そうであるならば、クローン羊をつくることは、限りなく進化する技術という形の人類の新奇性を通じて、生命のもつ潜在的反復力を高めていることの一例であるだろう。しかし、母親の体外で育ち、発達する胚に対する環境の影響は非常に微妙だから、「完璧な」クローン化でさえも、同一なものをもたらすという保証はない。哲学者たちが指摘しているように、完璧なコピーとはオリジナルのことである。現実の生物についても、第二法則でのべられている、多様性を生みだす傾向を払拭することは不可能である。一緒に育てられた一卵性双生児――ヒトにおける、完璧なコピーにもっとも近いもの――でも、経験の違いが原因で、脳の神経の構築には大きな違いが生まれる。[2] 自然界において、生物に多様性を生みだすプロセスと生物の過去を忠実に維持しようとするプロセスは、ちょうど動物における性と生殖の組合わせのように、多くの方法で相互に作用しつつ、進化の歴史に目のくらむような複雑さをもたらしている。今日の世界でいえば、この延長線上にあるのが、われわれの性と社会生活とコンピュータの関わりである。

収斂*

宇宙そのものを真に進化的観点からイメージするときには、執ようにつきまとう一つの障害がある。皮肉なことに、この障害の由来には進化的解釈が可能である。この障害とは、われわれの文化の中で広く普及している仮説、すなわち、天地創造の目的は人間の命をつくることであり、他のあらゆる生物は魂のない自動機械であり、われわれのためにつくられたという仮説である。この自己中心的見解を大いに力づけているのは、われわれは神の姿に似せてつくられたという伝統的観念である。しかし、われわれは特別ではない。地球は宇宙の中心ではない。われわれの肉体をつくっている物質も特別なものではない。われわれは何か特別の塵からできているわけではない。われわれを構成しているのは、宇宙空間や他のあらゆる生物に見いだされるのと同様の、水素、炭素、リン、酸素などの原子である。地球上の物質を循環させて自らの形をつくるという、生命の熱力学的勾配解消系において、われわれの果たしている役割は樹木の役割よりも小さい。われわれは「最高の生命形態」でもなければ、「選ばれた種」でもなく、他のあらゆる生物はわれわれのためにつくられたのでもない。われわれをつくったことで、進化あるいは自然が何らかの「終末」を迎えたわけでもない。

実際には、他のひしめき合いながら、速やかに増殖する生物集団に影響を与え、――そして、彼らの集合体から「個体」をもたらした――進化的帰結は、今や、以前にもましてわれわれの身にふりかかりつつあるかにみえる。収斂とは、別々の進化が似たような帰結を示すことを意味する生物学用語である。異なる系統の生物が環境から類似の圧力を受けて、たがいに独立に同様の体の部分や行動を進化させたとき、収斂が起こったという。例えば、クジラや、絶滅した海産爬虫類や、マグロは何れも流線型をしており、皮下脂肪を蓄積し、なめらかな皮膚をしているが、彼らの最近の祖先が共通であるわけではない。それどころか、これら遊泳性動物の祖先はおのおの、空気呼吸をする哺乳類であり、陸生爬虫類であり、海洋遊泳性の魚類である。翼の進化もこれに似ている。昆虫、コウモリ、および鳥は、最近の祖先を共有するからではなく、比較的混雑度の低い空中という環境で、ものを食べ、生きるために飛ぶことを強いられたから翼を進化させたのである。水中という環境でうまく生きていくための流線型や翼はともに、進化的収斂の例である。[3]

いくつかのプロトクチスト、粘菌、昆虫（シロアリ、ミツバチ、アリおよびスズメバチ）や、その他多くのわれわれに先立って出現した、さまざまな種と同じように、人類集団の組織化がうまくいけばいくほど、個別に生殖を行う人間の数は減っていく運命にある。事実、われわれの予見では、ヒトがこの先進化してゆく先は、大部分のメンバーが生殖には参加しない集団からなる種である。

ふつうの種形成機構によって種が多様化するのに比べればまれではあるが、スーパーオーディネーション（事前叙階）——社会的集合によって、新たな、より大きな生物を形成すること——は、奇異でも、ユニークなできごとでもない。前例はいくらでもある。融合し合うメンバーの種が異なる場合には、——速く分裂する細菌が融合して、増殖の遅い、核をもった細胞になったときのように——スーパーセックス（超性）という。融合し合うメンバーが同種のとき、——すなわち、例えば、粘菌の中でもディクチオステリウム（*Dictyostelium*）のメンバーというように、それらが同じ種の集団に属している場合——われわれはスーパーオーディネーションという言葉を使う。個別の個体からなると考えられる社会がスーパーオーディネーションとして示す集団生理学は、驚くほど複雑なことがある。社会性のアリ、ハチ、およびシロアリは、豪邸つきの超生物へと発達していて、彼らの巣や塚の中の湿度は九〇%以上に、気温は一八―二四℃に保たれている。各個体は別の個体には不可能な独特の行動を示すことで協力し合っている。ニホンミツバチは、自分たちの巣を襲う捕食者であるスズメバチの出すフェロモンを感知する。捕食者のスズメバチの先兵が近づくと、巣の入り口の外側に五〇〇匹ものミツバチが寄り集まって、そのスズメバチを囲んでミツバチ玉を形成する。ミツバチたちは五〇℃までの温度には耐えられる。ミツバチたちは羽を震わせて、集合体の温度をたちまち四六℃以上にまで上げてしまう。スズメバチを蒸し焼きにしようというのだ！　待伏せに会った先兵は、温度が四五℃に達すると死んでしまう。

他のあらゆる生物たちが、全面的に遺伝に操られた盲目的自動機械であるのに対して、われわれは知性と文化をもっているから彼らよりも優れているという、人口にかいしゃした神話は、容易に論ばくすることができる。収斂によって、集団はスーパーオーディネーションとなる。地球上のわれわれの人口が増えるにつれて、われわれの組織形態は変わり、出生率は低下し、技術の進歩によってたがいの関係はより密接なものとなる。われわれの社会では、性と生殖が乖離する現象が始まっている。宗教的拘束やコンドームにはじまり、自然の処置や「事後」に使う合成ピルに至るまでの避妊法、中絶、不妊率の増加、精子銀行、そしてクローン化技術は、すでにして性を生殖に結びつけていたきずなを断ち切っている。あやしげな雑誌や成人指定映画のビデオに触発されるマスターベイション、あるいはテレホンセックスなどは、事実上妊娠の可能性のない条件下で性の喜びを与えてくれる。今のところ、関係者は地球上の人口のごく一部に限られてはいるが、性と生殖の乖離へ向かう進化の流れの延長線上には、人工空間というものもある。多くの人々が宇宙や、食糧や、エネルギーに関心をもてばもつほど、このように性と生殖が分離する傾向は今後も続くのではないだろうか。

細胞は進化して肉体となった。昆虫は進化して巣やシロアリの塚といった社会的単位になった。性というものの「配線替え」は人類の人口の自己調節に関係する。生物学者は、有性生殖から転化した無配偶生殖のことをアポミクシス*とよんでいる。機械を恋してしまった人々は、アポミクシスへ向かいつつあるのかもしれない。われわれの肉体のあらゆる細胞のもつ増殖するという遺伝的傾向は、ある制御を受けて停止する。健康で、非腫瘍性の組織をつくるには、そのような制御が欠かせない。これと同じように、生殖のためにセックスにふけるというヒトの遺伝的傾向は、今や制御を受けつつある。ヒトの集団は、しだいに危険な増殖の色彩を薄め、生物圏における慎み深い神経組織に似てきつつある。ナイトクラブやダンスホール、あるいは新聞広告やインターネットで交際相手を求めたいと思わせる性的誘引力が、ほとんど生殖的意義をもたない、厳密な意味での社会の潤滑剤へと少しだけ変わるのは簡単なことである。

われわれ一人一人は、われわれを超脳へととり込むように働いている性的衝動の社会的機能に必ずしも気づいてはいない。サミュエル・バトラーはわれわれの肉体を構成している細胞について次のように記述している。細胞は「連携して、われわれの単一の個性を形成している。どのような個性を形成するかという考えが彼らにあるとは思えないし、おそらく、彼らがその個性に対して抱く共感は、せいぜい、われわれ、彼らの集合体である肉体をもつわれわれが彼らに対して抱く程度の部分的で、不完全な共感にすぎない[4]」。

王家のネズミ

ひょっとすると、成熟個体の大部分が有性生殖を止めてしまうという点では、われわれは最初の哺乳類の種ではないかもしれない。このような群集行動は、*Spalax*という、ハダカモグラネズミともよばれる、アフリカの土中にすむげっ歯類ですでにみられる。彼らは地球上でもっともみにくい生物の一つで、しわだらけのピンク色をしており、「出っ歯のソーセージ」といったところである。彼らは地下で群をなして寝食を行い、巣の入口は見張りによって固められている。巨大な女王と二、三の繁殖性の雄だけが生殖を行う。その他の雄と雌は、ときどき「陰部のこすり合い」をしたり、性交して性的恍惚感を得たりさえしているが、七頭の雄の五頭までは、死んだ、受精を起こせない精子しか生産できない。[5]

大部分のハダカモグラネズミに生殖能力がないのは、ホルモン作用によるものと思われる。ハダカモグラネズミの女王――その雄の配偶者ではなく――は、群のすべてのメンバーの中で、血中テストステロンのレベルがもっとも高い。多くの他の哺乳類や人間社会の出世の階段のように、ハダカモグラネズミも「順位制」つまり「つつきの順序」をもっている。「順位制」が発達し、そこで特定の個体が独特の役割をもつことは、興味深いことに細胞の分化を連想させる。集団は、それが動物の集団であろうと、細胞の集団であろうと、異なる機能をもつものへとしだいに分業化する。分業化した集団は、動物の肉体へと分化する細胞のように、同じ領域で働いている、組織化の程度の低い集団よりも、効率よくエネルギーを使い、より大きな効果を発揮する。[6]

雄性ステロイドホルモンであるテストステロンは分化の促進剤として作用する。ハダカモグラネズミの群から女王を引き離すと、繁殖に関わっているものも、いないものも、モグラネズミたちの血中のテストステロン・レベルは突然、急速に上昇する。ロンドン動物学会のクリス・G・フォークスは、一〇〇頭の雄に目印をつけ、細いプラスチックのトンネルの中を彼らがどのように這うかについて実験を行った。トップで進んだ雄に最高点を与えることにした。女王をとり除くと、順位の格付けに大きな変化が起こった。女王の不在に群は耐えることができず、間もなく、それまで不妊であった一頭の雌がテストステロンの介在によって、女王的な傾向を発達させ始めた。大きくて、繁殖者の資格をもつ雄の一頭だけが、この女王候補よりも高得点を挙げ、女王候補よりも頻繁に狭い通路で出会った他のモグラネズミを踏み越えて行った。女王候補は彼を殺してしまった。

この「生殖的独裁主義」においては、女王の行動と彼女のテストステロン・レベルが他のメンバーの性的発達を阻害していることが明らかである。これと似たような、テストステロンによる抑圧効果は、霊長類の社会における雄どうしの争いにおいても観察されている。順位の上の雄を打ち負かした勝者には、ときとしてテストステロン・レベルの上昇がみられ、敗者では、それが相対的に低下することがある。社会的な争いや、それによる順位制における新たな地位の獲得は何らかの形で生理にも反映される。人間の薬物や生理活性化学物質の使用は、虚無や不道徳からでた無意味な行為ととらえられることが多いが、これも社会的影響という見地から解釈することは可能である。薬物の使用は、個々の人間をつなぎ、変化させ、そしてしばしば弱めることによって、ヒトの人口を変化させている。薬物常用者のつくる子供の数は、おそらくそうでない者よりも少ない。例えば、マリファナだが、その気分転換用の魅力や、考えうる健康上の利害は何であれ、これは一時的にテストステロン・レベルを低下させる。薬物が人口を減少させる潜在力をもっていることは明白である。薬物使用のまんえんは、まさに破壊的性質をもつという意味でアポトーシスに似ており、ヒトの喪失への途であると予言できる。しかし、その喪失は細胞や組織レベルのそれではなく、むしろ社会的レベルにおける喪失である。

密に寄り集まった社会は融合して大きな単位になるにつれて、枝別れと結合とによって進化が起こる。群からはぐれたモグラネズミ、一匹になったシロアリ、隔離されたアリ、見捨てられた人間の子供などは長くは生きられないであろう。一つの単位として機能する効率のよい社会集団には、生殖を行う生物とそれを行わない生物が共存している。一つの肉体の中で組織の細胞間の連絡役をつとめているホルモンは、何百というシロアリやモグラネズミの体を集団にまとめる上でも協力し合っている。女王に精子を与えるハダカモグラネズミの雄は、社会における睾丸に当たる。ヒトの胎児から採った胚幹細胞が全能性をもつ――これらの細胞はまだ無限に増殖でき、分業化させ、増殖を停止させる働きをもつ因子に出会う前にある――のとちょうど同じで、ハダカモグラネズミの親はどんな子供でもつくることが可能だった。われわれ自身の肉体の何十兆という細胞は分化して組織を構成している。これらの細胞は胚発生の非常に早い段階で増殖能力を失ったものたちである。このありさまはまるで、誰でもが生殖を行える個体が集まって社会をつくると、そのうちの少数の選ばれたメンバーしか子孫を残せない集団へ移行するという、高級なドラマを子宮の中で再現しているようなものである。

精子の喪失と密度依存性

ジグムント・フロイトは、性的抑圧という近代生活の皮肉について強調した。しかし、文化の基礎には、性的抑圧、つまり個人的落胆の大いなる源泉がある。限りあるエネルギーは、相手を探し、性の交わりをもつという営みから対象を変えて、社会的に建設的意味のある方法で「消費」される。

文明人の性生活は深刻な打撃をこうむっている……ちょうど、われわれの歯や髪といった器官がそうみえるように、それは萎縮過程を示す関数であるかのような印象を与えることがときどきある……快楽の源泉としての、つまり生きている目的を遂行する手段としての性の重要性は、目立って減少してきた。われわれに十分な満足感を与えず、別の方向へ押しやろうとするのは、文化による抑圧だけでなく、性の機能そのものに含まれる、何らかの性質が関係していると感じていると、想像することがときにある。これは誤りかもしれないが、判断は難しい。[7]

交流手段としての重要性は増しているとしても、生殖手段としての性行為の意味が低下しつつあることを示唆する証拠は各方面から得られている。相互依存性をますます増していく人間社会を結びつける役目を果たしながら、性行為はもはや必ずしも、それほど多くの子孫を生みだしてはいない。世界中で精子数は減少しつつあるように思われる。射精ごとの平均精子数の劇的減少の原因は、性ホルモンと類似作用をもつ環境毒物であるとみなされている。主犯は産業副産物で、エストロゲン様（女性ホルモン様）作用をもつダイオキシンらしい。エストロゲン様化合物が乳牛で濃縮され、牛乳を通じて部分的に拡がることが、地球規模で観察されている男性の生殖能力の低下の原因であるらしい。[8] 魚の性別の乱調、例えば雄のコイの雌化もやはり、生殖率を低下させる産業化学物質に原因が求められている。[9]

初めから、自然には事故がつきものであった。われわれは、二つの性別からなる性が標準で、「正常」だと信じがちだが、長い目でみれば、性別というものは変化する。体の欠陥、発生異常、突然変異、生殖行動を含む「怪物のような」新奇なタイプの行動などが生まれ、有性生物の経験する社会的変形を通じて、集団内に維持される。エンマという名の人は、ペニスに匹敵するサイズのクリトリスと膣をもって生まれ、十代になると、何人もの少女との間に「正常な」異性間性行為をもった。一九歳で、ある男性と結婚した後になっても、彼女は女性との性行為を続けた。ジョン・ホプキンス医科大学の泌尿器学者ヒュー・H・ヤングに、彼女の願望が男になることであるのは医学的に明らかだと告げられたとき、エンマはつぎのように応えた――

膣をとってしまうのですか？　膣は私の食事券なので、それがどんなものなのか知りません。もしそれをとられたら、私は夫と別れ、働きに出なければならなくなるでしょう。だから、それをもっていたいし、今のままがよいと思います。夫はよくしてくれますし、彼との間には性の喜びがなくても、私には女友達がたくさんいますから。[10]

エンマは例外ではあったが、間違いなく異常ではなかった。性的魅力も、性的反発も、そして性的抑圧も必然的に社会的なものであり、これらは連続体として存在する。時間が経てば、新たな規範と、配偶行動と生殖能力の新たな基準と、そして新たな行動と化学的信号が進化してくる。われわれの近い親戚である類人猿のボノボの、子供までまき込んだ樹上のセックスが、われわれの誤解を招きかねないのとちょうど同じように、われわれ霊長類の子孫が過去を振り返ったときには、車の広告や映画は過剰に性的だと思えるかもしれない。もっともうまく生殖している生物に最大級の混乱が生じると、それはつぎには、この同じ生物が増殖を続けていく上での最大の難問をもたらすことになる。有性生殖におけるわれわれの成功そのものが、その有性生殖の衰退の条件を設定することになった。

ホルモンとフェロモン*

他感作用のある化学物質が一つの生物によって、水中、土中、空中に放出されると、それは同種の他個体にとって、あることを意味する。他感化学物質*は「生態学的ホルモン」であると考えることができる。他感化学物質の例であるフェロモンは、同じ種のメンバーどうしの合図となる社会性化学物質である。その中には、一方の性の体内で生産され、他方の性のメンバーに生理学的ないし行動学的に目にみえる変化をもたらす分子がある。ホルモンは一つの個体で放出され、同じ個体の肉体へ合図を送る。哺乳類の雄と雌の双方に見いだされるテストステロンやエストロゲンのようなホルモンは、哺乳類の進化するはるか以前には、おそらくもともとフェロモンとして働いていたのであろう。これらのホルモンの合図によって細胞の社会は組織化される。最初はプロトクチストの親和性や行動を調節していたフェロモンが、おそらく単一動物個体の体内における増殖を調節するホルモンへと変わったのであろう。有糸分裂後の細胞が離れずに留まるようになって、多細胞生物ができると、細胞集団のメンバー間の行動を調節していた化学物質が、単一の肉体内の細胞どうしの行動を調節する化学物質へと変わったのであろう。このプロセスは逆に進行することもありうる。生物たちが結びついて連合体をつくると、彼らの体内にあったホルモンは、もう一度にじみ出て、社会的環境で作用するようになる。

例えば、テストステロンは、少年が肉体的に大人へと成熟するときに、ヒゲを生やし、太い声にさせ、体毛を濃くするのと同じステロイドが、成熟動物間の誘引物質（フェロモン）としても働く。例えば、歯をもつが、顎のない、水中にすむ魚型の脊椎動物であるヤツメウナギの雄は、ミリリットル当たり二九ピコグラムという微量のテストステロンの放出によって、雌のヤツメウナギを誘引することができる。若いときに、成熟した雄の出した、テストステロンを含む尿の臭いを嗅いだ雄のハツカネズミ（*Mus musculus*）は、体重が軽く、生殖器器官の小さい親になる。しかし、雌のハツカネズミはそのような影響を受けない。若い雌の野ねずみ（ハツカネズミに似たげっ歯類、*Peromyscus leucopus noveboracensis*）が、ある敏感な期間内に成熟した雄の尿を嗅ぐと、その卵巣の発達が悪くなる。これと対照的に、雌の尿はそのような効果をほとんどもたないことを、研究者たちは見いだしている。[11]

このような実験的証拠から示唆されるのは、ホルモンやその化学受容には、共通言語が普及していないことである――同じ化学物質が異なる条件下の異なる動物では、異なる効果をもつよう進化している。世界的にみられる精子数の減少の原因を、われわれは自分自身の科学技術の特殊性や汚染に求めたり、環境破壊のせいにしている。しかし、汚染は絶対的な自然現象であり、事実、増殖の速い生命形態ならば、何にとってもそれは不可避の帰結である。あらゆる生物の必要とするインプットは、彼らが気体として、液体として、また固体として出すアウトプットとは違うものだから、どんな生物でも、限られた空間で、代謝上の多様性をもった介助者なしに、あまりに急速にその数を増やすならば、すべては自らの廃棄物のせいで死ぬ定めにある。もともと独立の自己であったものから構成された生物たちは、生態学的段階においては、常に上位を目指しているようにみえる。彼らがそうするのは、上位の実体になるということが、ある意味では超満員状態による自家中毒問題の解決になるからである。

ヒトの精子生産の衰退は、ランナウェイ生殖でもたらされた自家中毒が原因で、生殖には「ブレーキがかかる」ことの一つの自然な例である。どんなタイプの生物でも、彼らが速やかに増殖できるのは、自らの蓄積する廃棄物の山と直面するまでにすぎない。ダイオキシンが技術生産物に付随して生みだされることは、おそらく予見できなかったのであろう。しかし、われわれの急速な増加からみて、一般的にヒトの人口に対して生殖を低下させる影響が現れることは避けがたいことである。ダイオキシンも、その他の多くの汚染物質もわれわれの生殖に干渉する。農作物被害を抑える目的で使われる殺虫剤も、それらの農作物を食べたとき、われわれに害をもたらす。病原菌を殺す目的で抗生物質を使うと、この同じ病原菌からより毒性の強いものを選択することになってしまう。

　生態学は、地域的な生態系から地球規模の生物圏にいたるまで、地球表面に降り注ぐ太陽光を迎え入れる多様な経路に依存しているし、当然ながらそれに肩入れしている。ある種の生物集団はエネルギーを貯蔵し、それを放出しながら、しばらくの間はすみやかに拡大する。しかし、一番よく維持されるのは、多くの代謝的相互作用をもつ複雑な組織体を全体として機能させることのできる生物である。現在のような混然として、何でもあり式の人類集団の増殖が、もっと整然とした拡大形態をとる集団にとって替わられそうなことは容易に理解できる。

　性交は今は生殖に不可欠だが、未来の人間集団においては、これには別の役目が割り振られるかもしれない。医学技術によれば、今日でもオルガスムや性の歓びとは無関係に卵を受精させることができる。今でも、オルガスムは必ずしも性器でだけ感じるものではないことを、われわれは知っている。女性が脊髄に損傷を受けると、性器以外でオルガスムを感じるようになるという記録や、その分析結果がある。このような女性はオルガスムの歓びを肩や、胸や、あるいは顎で感ずることがある。ラトガース大学のバリー・R・コミサルクとビバリー・ホイップルは、初期の脊椎動物に存在する迷走神経が「オルガスムの原初的で、より一般的にみられる経路」であることを明らかにした[12]。歓びは、生殖をもたらす行為の実践に約束を与える。しかし、人口の殖え方が天井に達すると、生殖に通じる性はもはや過剰となり、それは自由に解き放たれて、生殖という基準からみれば、正道を外れたともみえる、違った使命をになうようになる。甲の薬は乙の毒というように、一つの種にとって、現在正道であることも、祖先においては邪道として、あるいは（道徳的に、とは言わないまでも）変態として始まったものかもしれない。われわれ人類の祖先は、精子競争の証拠に照らしてみれば、今日のヒトよりももっとボノボ的――もっと乱交的で、性的に活発――だったとしても不思議ではない。進化には停滞ということがまずない。われわれが個人的な生殖上の特権をグループの融和のために犠牲にすると、個人的性的快楽の追求はその方向を変えて、新しい社会組織体の維持と拡大へと向けられるようになる。個々人の性の快楽が予測しがたい人口過剰をもたらすと、それに対しては進化の働きかけが考えられ、性と生殖の間にある古いきずなを切り離すということを、マルキ・ド・サドほど明白に露呈した人物は他にはいない。

扇情的でみだらなサド――性はいたるところにある

大海原は砂にキスをする。大空は地平線と触れ合う。ジャズ作曲家の例だと、自らの作品の中に他の作曲家の装飾音や反復楽節を挿入して、その斬新さにうっとりとする。フロイトが、ほとんどあらゆるものに性的含蓄があるということを医者仲間に喧伝するはるかむかしに、洞穴に住んでいた、ある少年はそのことに気づいていたに違いない。この物質主義的で、地球規模での資本主義がますますはびこる、われわれの社会においては、性にあからさまに言及することで製品の売上げは伸びる。生化学的に味つけされた、本能的な性的嗜好があるがゆえに、このような力学が強力に作用するのであり、その性的嗜好は生殖とのきずなに加えて空想的な物事を交えつつ、第二法則という名の女衒のために働いている。

性の歴史においては、おそらくマルキ・ド・サド（一七四〇〜一八一四）ほど長広舌を奮った倒錯者はいないであろう。彼が主張したのは、男色はもっとも快楽に満ちた産児制限法であるばかりでなく、それはあまりにも歓喜に満ちているために、多数の人類がそのことに気づくと、ホモ・サピエンスは速やかに絶滅しかねない——そして、これがそれにふさわしい帰結であろう——ということであった。彼の著書はあまりにもけがらわしく、実の息子がそれらを焼却したほどであった。しかし、評論家は、サドの主張は異様なほど首尾一貫しており、彼は勝手なゲームにふけっている自然を打ち負かそうとしただけだと弁護した。もし呪われたものとして後ろ指を指すのであれば、それは彼の住んでいた偽善的社会に対してであり、サドに対してではないと、彼らはのべた。『第二の性』の著者であり、実存主義哲学者ジャン＝ポール・サルトルのパートナーであった、女権拡張主義者シモーヌ・ド・ボーヴォワール（一九〇八〜一九八六）は、サドは「偉大なる道徳家」であるとの見解さえもっていた。

サドは呪われた人物だった。彼は小箱いっぱいの砂糖づけのハンミョウをもち歩いていた。これは陰部をむずむずさせて、動物を交尾へ誘う「媚薬」であった。サドは結婚式のその週にさえ売春婦を買ったし、ローズ・ケレルという名の若い女性を誘拐し、むちで叩き、それでできた傷に融けた蝋を垂らしたという罪で、とうとう牢へ入れられた。彼の召使いだったラトゥールという男は、言いつけに従って彼と男色の関係になった。サドの妻は後で尼になったが、その前には、この変質的な夫の催した乱交パーティーに一度ならず参加した。彼は、ローネイの修道女であった、彼女の妹とイタリアへ駆け落ちした。日本の作家三島由紀夫は、マルキ・ド・サドについての戯曲の中の一シーンとして、ある乱交パーティーで、シャンデリアから吊された丸裸の少年を、彼の妻がむちで叩くといったことさえ想像している。

このような行為の結果、彼は一度ならず牢へ入れられたが、そのような彼が、おそらく乱交パーティーを催すよりも好んだ唯一のことは、これらのパーティーについて記述することだったらしい。一七八四年二月に、彼の著書はすべてが発禁になった。その五年後の一七八九年、フランス大革命のさなかに、彼はヴァンセンヌの監獄から、パリのバスティーユ監獄へ移送された。「邪悪のサド」は、歴史上もっとも学識のある性の悪党の地位を保ち、彼の名を「サディズム」という言葉に残している——もっとも、何人かの彼の擁護者によれば、彼の美学の本質は苦痛をもたらすことにあったのではなく、あらゆる種類の感覚を高めることだったのだという。

サドの行動は自然現象の最外側に属するもので、あまりに極端な異常なので、人間の意識のねじ曲げられた痴呆状態でないと再現されうるものではないと、思う人もいるかもしれない。確かに、サドは常軌を逸しており、色情倒錯者であり、犯罪者でもある。当然のなりゆきか否かはさておき、極端な形で暴力と性の一体化を具現した彼は、間違いなく人間の規範から逸脱していた。しかし、ヒト以外の生物に比べてみると、サドの悪業も影が薄れてみえる。例えば、ある種のクモのメンバーがたがいにしでかす行為に並べてみると、サドの道化芝居の有害度は相対的に低い。ワシントン大学のスティーヴン・シャピロは、ヒトの性行動や性行為の単調な画一性を嘆きつつ、次のように指摘している——

もっとも過激なSM劇でさえも、あまりにもしばしば陳腐であり、定式化している……単純に文化の違いを賛美するなどとんでもないことで、われわれはむしろ人間の文化は、なぜ今以上に多様でないのかを問うべきであろう。生物学的見地からみると、われわれの性生活はきわめて退屈なものである。他の生物はもっとはるかに創意に満ちている。例えば、なんきん虫（*Climex lectularius*）を考えてみよう。この雄の性交は、同種のメンバーの腹部を突き刺し、そこに穴を開けることで行われる。性交のたびに傷だらけになる。このような攻撃の犠牲者は、雄も雌もなく、皆永遠にその傷跡を残している。しかも、その後死ぬまで、彼らは自分を強姦したものの精子を循環系の中に抱えていなければならない。ハワード・エンザイン・エバンスはそれについて、こうのべている──「ひと組のなんきん虫が血液食にありつくまでの間、このようなやり方で──性のみさかいなく交尾をし、同時に自らの精液を養分としてたがいに与え合って──楽しんでいるさまをみると、邪悪のはびこるソドムがバチカン宮殿のように崇高に思えてくる」。サドでさえも、このようなシナリオは思い浮かばなかった。ここには、カリフォルニアの自己崇拝集団などはいない！　なんきん虫たちが、われわれ人類をセックスの相手とは考えず、食べ物であるとだけ考えていることに感謝すべきであろう……肉体と思想、あるいは自然と文化の間を明確に隔てる一線はない。ちょうど水陸を隔てる一線がないのと同じである。いわゆる「人間科学」が長いこと想像してきたのとは裏腹に、言語と性は、純粋な、理論的な構造ではない。むしろ、これらはわれわれの肉体の深層部に絶え間ない動揺をもたらす力である……われわれの肉体は一緒になり、そして離れる──これが社会的であるということの刻印であり、そのことはカエルであろうと、人類であろうと、あるいは原核生物であろうと変わらない。人間の文化について語ることは、大部分の点において細菌の「培養基」を語ることと変わらない。グーテンベルグの活字、あるいはそれに付随した「人間」というもののイメージをまぶしいと思ったものだけが、それ以外のことを想像することが可能だったのであろう。しかし、今や「人間」は消滅の危機にひんしている——しだいに消去されようとしている。フーコーの言い方によれば、「海際の砂に描かれた顔のように」[13]。

この世は滑稽な場所である。これまでみてきたように、有性生殖は熱力学的散逸過程における一つの副産物である。むかし、遺伝的交換に熱中していた細菌たちは生き残るために、生殖の意味をもたない性に死にものぐるいで携わっていた。長い、苦しい進化の歴史は、二〇億年の製作期間をかけて、性という至上命令を生殖へと結びつけた。この結合には、あらかじめ予定されたことや、本質的に「当然な」ことは何もない。この結合は、季節のめぐる度にストレスを受け、生存のために融合と減数分裂からなる定められた周期に依存していたプロトクチストの歴史の中で、偶発的に生まれた副産物である。これらちっぽけな有性生殖者こそ、われわれの祖先である。性がわれわれに快楽をもたらす理由は、性は生殖と結びついているために、われわれが熱力学的平衡から逃避する手段となり、そうすることで、われわれが直線的時間を前へ進むにつれて勾配は壊れるという宇宙の自然の傾向に拍車をかけないまでも、従うことになるからだと思われる。

この見地に立てば、性は熱力学的散逸から副次的に生じたことになる。個人の寿命内という短期間でみれば、われわれは自らの個体を維持することでエントロピーを生成するが、それは各所の穴から液体、気体、および固体を排出することを必然的に伴っている。長期的には、われわれは交配を行うことによってエントロピーの生成を確保している。交配はわれわれに似た新たな生物を生産し、それが次世代の生命として、散逸の特殊な形態を存続させる。しかし、性そのものよりは、むしろ熱力学第二法則の方が性交などの性行為に焦点を当てた進化の物理的基礎である。別の言い方をすれば、性と生殖の結びつきは、偶発的なものである。もしこれに替わるエネルギー散逸過程が得られるならば、この結びつきは未完成に終わったかもしれない。しかし、性と生殖を切り離すことは、決して単なる逆転現象ではない。生命は常に、そのひねくれた、奇妙な歴史へ到る手がかりを複数備えている。

サイバーセックス

科学技術はさまざまなレベルで性の軌道へとり入れられており、地球上に人類が生き残るために、その重要性はもちろんますます増しつつある。科学技術や生活水準が向上すると、人口増加率の低下が始まる。社会学者はこれを「人口統計学的遷移」と呼んでいる。人口統計学的遷移は、おそらく、哺乳類がより多くの資源をより少数の子孫へ向けようとする傾向のヒトにおける例となるのであろう。[14] 母親から乳を吸う哺乳類の新生児は、両生類、爬虫類、あるいは魚類の子供に比べて、生き残るチャンスが高い。子孫の残し方に関しては、二つの進化的傾向が対立関係にある。一つは多数の子孫を生産する「ショットガン」的戦略であり、もう一つはより少数の子孫をつくり、よりよく世話するという、より無駄の少ない、計算ずくの戦略である。われわれは、前者から後者の戦略へ移行しつつあるように思えるだけでなく、科学技術の向上は性と生殖の分離をさらに、消滅点にまで押し進めている。われわれの多くは、今や子供をつくらず、その替わりに性のエネルギーを別の焦点へ向けている。[15]

現在オンライン・ネットワーク上に存在するような仮想空間は、今後来るべき、スクリーンのない、画像を基礎とした、コンピュータの生みだす長距離通信の世界の先ぶれにすぎない。来るべき電子の世界は、ダウンロードの可能な写真やかりそめのお喋り以上のものであり、入力、偵察、接触、探査、そして再現を可能にして、炭素を基礎とした先輩である生物の機能を部分的に補うものとなるであろう。こっそりと、ほとんど気づかれないうちに、機械はわれわれの生命の一部となる。[16]

歴史家にして進化学者のハワード・ブルームは、以前には生業として音楽代理業を営み、ピーター・ガブリエル、ベッチ・ミドラー、マイケル・ジャクソンなどをプロモートしたこともあるが、彼はバーチャルリアリティの未来を次のように思い描いている。あなたは寝室から浴室までよろよろやっと歩いて行ける七〇歳の老人で、今仮想デートシステムを立ち上げたところだと想像してほしいと、彼は言う――

あなたは、見るもの、聞くもの、動くもの、触るもの、三六〇度のすべてがコンピュータで合成された世界へと冒険に乗り出す。この仮想現実で、あなたは、ヒナゲシの咲き乱れた牧場で長い散歩をするのが好きな二五歳（選択したシナリオが中世風ならば一八歳）以下のSWF（独身白人女性）を探す。間もなく、あなたは彼女をみつけるが、彼女はセクシーな映画スターのミッシェル・パイファーに似ていて、それよりももっと魅力的である。彼女も同様にあなたに惹かれる。

どうして？　コンピュータ上のデートなので、あなたはもはや年寄りではなく、しわもなくて、成人用おしめの大量消費者でもないからである。あなたは……そう、アーノルド・シュワルツェネッガーに似ている……あなたとミッシェル・パイファーに似た彼女は、春の田舎のヒナゲシの咲き乱れる野原で長い散歩をし、たがいの心にもつ秘密を打ち明け合う。間もなく、あなたは彼女にこの上なく夢中になり、一方で抑え難い官能的欲望にとらわれた状態になる。あなたが知らないのは、このコンピュータでポーズをとっている人物は、実際には体重が三〇〇ポンドあり、チョコレートバーを食べて、すぐ代謝系を補わなければ、それをもったまま三〇フィートも歩けたことはこれまでになく、猫を一三匹飼っているが、体重がじゃまして、不幸にも彼らのすまいを掃除できるのは六ヵ月に一度もないという事実である。しかし、これほどの脂肪組織に埋もれ、猫の尿の甘い香りに包まれていても、彼女は人をたのしませる性質をもっていて、仮想交際のお陰で、今月彼女が性の歓喜へ導いた男はあなたで一四人目である。一方、あなたにとって彼女は、この九月以来まんまと征服にこぎつけた二人目の女にすぎない……［このようなコンピュータによる仕掛けは］おそらく、今の年寄りたちにもちょうど間に合う頃に現実のものとなるであろう。[17]

「コンピュータの誘惑というのは、単に功利的、あるいは美的誘惑以上のものである――それはエロチックでもある……われわれと情報機械の情事は一つの共生関係であることがわかる……科学技術との精神的結婚……われわれは大きくなり、力を与えられたと感じている。われわれの心臓は機械の中で脈打っている」[18]。来るべき千年紀には、個人というものは社会的細胞となり、人工超生物という名の私生児的子孫の神経回路を構成するコンピュータの一部になるかもしれない。[19]楽しいということは賛成の合図だから、それは技術的交流をくり返す可能性を高めうる。しかし、機械に対するわれわれのみだらな愛着、われわれの技術への憧憬を不自然なものとみなすのは誤りであろう――むしろ、このような愛着は生物全体の大きな性のサイクルの一部として、情報の流れを加速し、エネルギーを得やすくし、エネルギーの再循環と分解を促進する。オルガスムというものが、各自の肉体を通じて流れる快楽の波を経験することであり、生殖を通じてそれが勾配の解消に関係しているのならば、電子を通じて遠くの他人と連絡をもつということは、それを集団のつくる肉体へと拡張して、その勾配解消能と生殖活性を高めることである。言い方を変えれば、性的欲求は形を変え、われわれ各自がもっていたその機能は失われるかもしれないが、未来の社会においては、一つの新しい形態に達するかもしれない。

ことある度に、人々はその精神までが電磁波の世界と関係していることに気づかざるをえない。あらゆるサイエンスフィクションが声を大にして予言するのは、くり返し夢想されたように、人類が純粋にエネルギーだけからなる種へ進化することである。用心しなければならないのは、われわれは完全に肉体から解脱した人工空間の存在になりうるとか、ある貯蔵媒体中の一片のデータとして存在できるといった、千年紀末特有の熱にうかされた宗教的空想に耽りたくなる誘惑に対してである。[20] とはいっても、われわれはすでに、その活動範囲を電磁波の示すスペクトルの彼方まで拡げている。狩猟者兼農耕者として、われわれの肉体は光を吸収し、赤外線を発散した。今や、われわれはテレビ、X線および放射天文学を通じて、むかしよりもはるかに広いスペクトルにわたって、外部空間との間に複雑な通信のやりとりを行っている。そして、ビデオテープの記録や、コンピュータ技術のおかげで、われわれはむかしより高い精度で、より長期間にわたってイメージやアイデアを蓄積することが可能である。

技術を介した相互関連性の広がりや、そこにみかけ上人間の独自性はあるにしても、稠密につめ込まれた連合体が進化した結果、一つの生物になるのは初めてのことではない。数は常に強さであった。五億年前に、海にいた細胞は集合して、カルシウムイオンをとり込み、リン酸カルシウムの殻をつくった。建設チームが鉄骨の梁を掛け渡すように、その後、ある生物はリン酸カルシウムの内部骨格をつくった。増殖を通じて、細胞が組織化した結果、生物ができた。彼らの使ったカルシウムは毒物だったのに、それを上手に利用して建築資材に変えたのだから、彼らの技術は、ある意味ではわれわれより進んでいた。

何十億年かを通じて、生物が地球上にしだいに拡がるにつれて、彼らは各地に散開した肉体の中に着々と化学元素をとり込んでいった。今では、生物は国際的通信手段としてケイ素(砂や砂岩に豊富に含まれる元素)を使っている。ケイ素は、地殻には酸素に次いで多く含まれる元素である。しかし、生物はケイ素を使って肉体をつくる替わりに、それで超脳を製造している。コンピュータは神経細胞の替わりにケイ素を使って計算し、それによって相互の関連を築いている。半導体は神経伝達物質の替わりをしているようにみえる。しかし、事実は、この低温で製造したウエハースのようなものも、一体化された回路も、その他のコンピュータの部品も代用品ではない――これらは拡張品である。これらは生物の肉体の一部となりつつある。今では、人間の髪の毛ほどの太さの光ファイバーの一本が、一秒間に一兆ビットの情報を伝達する。これは、これまで発刊された『ウォールストリート・ジャーナル』のどんな号であっても、一秒もしないうちに送ることのできる速さである。[21] 絶え間なく増殖し、変化し、環境との間で物質を交換しつつある生物は、古い物質（石英や砂に由来する二酸化ケイ素）をも最新の生物圏組織体へととり込みつつある。生物は速やかな増殖という自らの圧力に耐えかねて、はるかむかしに水中から陸上へ、陸上から空中へと拡大した。生物は今や、宇宙空間をわがもの顔に飛び回る寸前にある一方で、内部空間の研究にも没頭している。生物は原子と電子を組織化して、メドゥーサなどのギリシア神話のキメラの及びもつかない、生きた巻きひげをもった人工超生物をつくる。

われわれの予測では、今日の科学技術の相互依存によって、われわれの子孫の性生活は劇的に変えられるであろう。セックスをするとき、われわれは時間をさかのぼる。祖先の細胞が住んでいた水中の環境を思い出すかのように、体液、つまり精液や膣潤滑液を生産する。

排卵、月経、射精においては、それぞれプロトクチストに似た卵を、子宮の外膜を、そして精子を放出する。二〇億年前の地球上には、植物も、真菌類も、動物も住んではいなかった。それまでの一〇億年以上にわたって、細菌類だけしかいなかった。やがて、核をもった細胞が進化し、さらに進んで有性生殖を行うプロトクチストができ、それが有性生殖を行う植物、真菌類、および動物の祖先となった。しかし、動物も、植物も、菌類も、奇想天外な体のつくりをもち、複雑で、入念な進化をしたにもかかわらず、いまだに世代が替わる度に、単一もしくは少数の細胞からなる状態へと戻る。[22] セクシーな核の合体は、いまだに体液をたたえた、暖かく湿った組織の中で行われる。オンラインでエレクトロニクスによる交合ができる人工セックスがとって替われば、今後ますます多くの人が、こんな淫靡で、古めかしい義務を負う必要はなくなるかもしれない。しかし、ヒトという生物種が存続するためには、少なくともどこかでは、このじめじめした古くさいサイクルが継続されなければならない。

電子メールの、あっという間にメッセージをやりとりでき、オンラインで、いながらにしてお喋りができるという、わくわくする喜びは、連結の、つながりの、そして伝達の喜びである。相互連結が行えると、会話上の交わりがより重要になり、性的な交わりはその逆になる。オンラインで欲望をぶつければ、面対面のロマンス、あるいは婚前交渉だけでなく、面対コンピュータのやりとりや、無数のパートナーと雷に打たれたように突然親密になることもできる。オンライン技術は、場所ではなく、情報に応じて人間の属性を整理しなおす可能性を与えてくれる——この地球上の到るところに住む何百万、次には何千万という人々が、情報の流れに応じて自らの再組織化を行って、社会階層の形成や特殊化することを、それは可能にする。

作家のグレゴリー・ストックは、「メタマン（後生人類）」の出現を暗示している。[23] ロシアの地球化学者ウラジーミル・ヴェルナツキイと、フランスの古生物学者で、神学者のティヤール・ド・シャルダンは、今世紀初期に「ヌースフィア（精神圏）」についてのべた。[24] ガイアによってつくられた生物圏と「ビオンティック・ウェーブ」についてでは、われわれはすでに言及した。[25] しかし、進化によって駆り立てられ、一体化の度合を増しつつある相互依存のネットワークをのべるのには、まだ一般に認知された名前はない。メディアは情報のスーパーハイウェーという言葉を使う。とはいっても、そのような高速道路の行きつく先は自らでしかなく、人類間の結びつきをさらに強めることになる。この新しい情報「スーパーハイウェー」は、旅行に使う道路とは非常に違って、実際の旅行の必要性を低下させる。[26] 進化的観点からみると、繊細さを増しつつある、この全地球的光速交信システム——これをつくった動機は、結びつけられたいという人間の、しばしば性的でもある欲望である——は、一つの新たな神経的、知覚的インフラストラクチャー、すなわち分散していた多様な情報が集まって発展させた全地球的実体であると表現する方がよりふさわしい。われわれがその情報に気づくことがないのは、身体の一部であり、光刺激を受ける桿体細胞や網膜の神経細胞がわれわれ全体のことや視覚情報について無知であるのと同じである。

ヒトの有性生殖は滅亡の状態にあるのだろうか？　動物をクローン化するということを産児制限と結びつけて考えてみると、それは一方では、われわれの組織の細胞が無性的増殖を行っていることとの、他方では、かつて無限増殖していた彼らに制限が課せられたこととの社会的レベルへの反映ではないだろうか？　ステントル・ケルレス（*Stentor coerules*）という、淡水の池や湖に見いだされる、青っぽい繊毛虫はときどき交配を行おうとする。しかし、それを行うと、パートナーは双方とも、何時も一週間もしないうちに死んでしまう。[27]これらのプロトクチストでは、融合したいという欲求がときおり頭をもたげるのだが、ステントルの有性的接合は負の選択を受け、進化の行き止まりとなってしまう。ときおり、それに首を突っ込みはするものの、もちろん、この生物が増殖するのに性は必要ではない。それどころか、彼らが増殖するには、あらゆるセックスを慎まなければならないのだ！　これまでのところ、一つの種として、人類が増殖するためには、性は確かに必要である。しかし、人類においても、ある日、今からそれほどは遠くない未来に、性と増殖とが永遠に無関係なものになるときが来ないとは限らない。しかし、このことがわれわれにはいかに新奇にみえたとしても、生殖と性の乖離を含めて、密度依存的に生殖を沈静化しようという傾向は決して新しいものではない。とくに、細胞の連合体や微生物の集合体が大型の生物へ移行する過程においては、進化の歴史上、このようなことは何度も起こった。

われわれは自分たちが特別で、他の生物よりも高位にあり、科学技術をもつことで別格であるという考えを好む。しかし、実際には、生物は常に「テクノロジー」とともにあった。細菌も、プロトクチストも、ヒト以外の動物も、外部から建築資材を自分の体へとり込み、それによってすみかの建設をしっかりと行う。われわれのつくった機械も、われわれ自身と同様に、三〇億年以上前に出現し、化石の記録の中にその痕跡を残してきた生命が、地球上に拡がっていくための手段の一部なのである。あらゆる生物は感覚をもっている。すべては生きている。すべては、ほんの些細なことについても選択能力をもち、周囲を変えることができる。それだけでなく、すべてはつながり合っている——空気と、水と、土を通じて。テクノロジーは生命から生まれたのであり、その逆ではない。

われわれの一人一人は、一極集中化した人間という超生物における構成成分の一つである。人々は、動力線、鉛管、下水溝、銅線、ガス管、排気管、光ファイバー・ケーブル、そして国際市場によってつながり合い、行動をともにする。どのような意味においても、われわれ

われわれはたがいにも、生物圏からも独立ではない。われわれが一緒にとるのは食物だけでなく、石炭も、鉄も、ケイ素も、そして石油をも共有している——この最後の例だと、消費率は一日当たり七〇〇〇万バレル以上である。国家、文化、そして言語によってネットワークされて、われわれの維持しているすみかの中には、都市と、道路と、そして原子力潜水艦の艦隊が含まれている。

色眼鏡なしでみれば、あらゆる生物は超生物である。その一番身近な例はあなたである。何十億という細胞を三七・五℃に安定に保つ温度調節体である。細菌も、それより大きい微生物も、社会性昆虫も、そしてげっ歯類でさえも、集合体としてのみ存在するメンバーからなる生活単位をつくる。今や、われわれ人間は社会というものから、たがいの連絡を断たれるか、われわれの機械を断線されたら、生き残ることが不可能なほど相互依存度の強いグループへと重大な一線を越えようとしている。

われわれが、現在の都市人口を抱えながら生きのびるためには、農業（トラクターやトラックを含め）、医術（病院や診察機器を含め）および産業（油井掘削機器やタンカーを含め）が必要である。昨日の贅沢品は今日の必需品である。どんな人でも仕事を失うか、共同体から隔離されると、ストレスを感じ、生気を失い、致命的な病気にさえかかりかねない。つなぐということ——社会の構成員どうしをまとめて超生物をつくること——は、初期の地球において、細胞の集合が「個体」となったとき以来続いている。かつては単に楽しみのための乗り物で、まったく存在しなくても不都合のなかった自動車が、今では何百万という人々の仕事にも、生計を支えるためにも不可欠である。かつては偏屈な数学者だけのものだったコンピュータも、日を追うごとにわれわれの生存システムの一部となりつつある。われわれをつなぎ合わせている電話の有無は、生と死の違いさえも生じかねない。地球狭しと駆けめぐる電子網は、生き物たちの融合と合体という、古くからある進化物語に新たに加えられた、人間についての一章である。かつての連合体は、その全能性と活力を低下させ、単一のどんな連合体よりも強力な集合体の形成へと向かう。それがより高次の組織化のレベルからみたときの個体である。荒々しく、多様な歴史とともに、多くの外見をもつ性は、過去においてヒトの生殖に欠かせないものであった。今や、これら同じ性的情熱は、人類社会が一歩を進めて人工的超生物へまとまるという新たな目的にとって、決定的役割をはたすものになりつつある。

註

第1章　熱気に包まれた宇宙――性のエネルギー

1　あらゆる生物は、次の五つの種類（界、大グループ）のどれかに所属している――(1)細菌類、(2)プロトクチスト、(3)菌類、(4)植物、(5)動物。(1)～(3)では、通常生殖に性は必要でない。(4)と(5)では、胚がつくられ、発生と生殖には、ふつう性が必要である。

2　辞書的定義とは別に、ここでは一貫して、最近の習慣に合わせて、性（gender）によって、文中の言語上の違いだけでなく、交配を誘起するような同種個体間の肉体的差違をも表すことにする。

3　Vernadsky, W. I. (1944) "Problems of Biogeochemistry, II, The Fundamental Matter-Energy Difference between the Living and the Inert Natural Bodies of the Biosphere," (George Vernadsky tr.; G.E. Hutchinson ed.) In *Transactions of the Connecticut Academy of arts and Sciences*, New Haven: Yale University Press, p.489.

4　生物を五つの界に分類する学説には次第に賛同者が増えている。この説では、プロトクチストは、「大型の」微生物とその子孫を寄せ集めたものであり、中には、小さな単細胞のアメーバや藻類から大きな粘菌類や巨大な海草類までが含まれる。プロトクチストの中には植物に似たものもいるし、栄養摂取の点で動物や菌類に似たものもいるが、水中に棲むこの界のメンバーは植物とも、動物とも違う。植物や動物は胚から発生するからである。彼らは菌類とも違う。菌類は菌胞子から成長する（胚をつくらず、波動毛とよばれるむちのように運動する細胞構造ももっていない）。プロトクチストは膜に囲まれた核をもっているので（その他にも多くの理由によって）、細菌とも違う。プロトクチストは、細菌どうしの融合から進化した有核生物である。他の三つの界（植物、動物、菌類）の生物の祖先も細菌の融合したものだが、プロトクチストはこれらには属していない。広ばくとして、まだ未知のことの多い、このグループについて専門的知識を得たい人には、次の書物をお薦めする——Margulis, L., Corliss, J.O., Melkonian, M., and Chapman, D.J., eds. (1990) *Handbook of Protoctista: the Structure, Cultivation, Habitats, and Life Histories of the Eukaryotic Microorganisms and their Descendants Exclusive of Animals, Plants and Fungi: A guide to the algae, ciliates, foraminifera, sporozoa, water molds, slime molds, and the other protoctists*, Jones and Bartlett Publishers, Inc.: Sudbury, Ma. このグループの定義と簡単な説明については、次を参照されたい——Margulis, L., McKhann, H. I., and Olendzenski, L., eds., S. Hiebert, editorial coordinator (1993) *Illustrated Glossary of Protoctista*, Jones and Bartlett Publishers, Inc., Sudbury. Ma.

5 Odum, Eugene (1953) *Fundamentals of Ecology*, Saunders: Philadelphia, quoted in Capra, Fritjof (1996) *Web of Life*, anchor Books: New York, p.176.

6 Morowitz, Harold (1987) *Cosmic Joy and Local Pain: Musings of a Mystic Scientist*, Charles Scribner's Sons: New York, pp.92-93.

7 何でも第二法則で説明できるとする傾向がときに行き過ぎであることは、われわれも知っている。すべてを説明できる理論では、何も説明できない。しかし、時間の一方向的流れを絶対的認識としてもつ第二法則は、生命の起源と進化の物理的背景を理解する鍵であるというのが、われわれの認識である。

8　ケンブリッジの講演をまとめ直したのが次の本である―― Schrödinger, E (1944) *What is Life?*, Cambridge University Press: Cambridge. また、 Margulis, L. and Sagan, D. (1955) *What is Life?*, Nevraumont/Simon and Schuster, New York.（リン・マーギュリス、ドリオン・セーガン『生命とはなにか』せりか書房刊）も参照されたい。

9　しかし、この方程式は、現実の場では一つの時間的方向でのみ生ずる熱力学的現象の摩擦を無視しているので、完全ではない。

エネルギーの流れの重要性についての専門的とり扱いについては次を参照のこと―― Morowitz, Harold, J. (1968) *Energy Flow in Biology: Biological Organization as a Problem in Thermal Physics,* Ox Bow Press: Woodbridge, Connecticut.

真の時間の断定的対称性について、さらに知りたければ、次を参照のこと―― Price, Huw (1996) *Time's Arrow and Archimedes' Point: New Directions for the Physics of Time*, Oxford University Press: New York.

地球規模の冷却作用のメカニズムについて、さらに知りたければ、次を参照のこと―― Lovelock, James (1988) *Ages of Gaia*, W.W. Norton: New York, and Westbroek, Peter (1991) *Life as a Geological Force*, W.W. Norton: New York.

勾配の解消について、さらに知りたければ、次を参照のこと―― Schneider, Eric D., and Kay, James J., (1995) "The Thermodynamics of Complexity in Biology," In *What is Life? The Next Fifty Years: Speculations on the Future of Biology*, Michael P. Murphy and Luke A. J. O'Neil, eds., Cambridge University Press: Cambridge, UK, pp.161-173.

第2章　熱く、そして呪われて――性の始まり

1　Sonea, Sorin and Panniset, Maurice (1983) *The New Bacteriology*, Jones and Bartlett: Sudbury, Ma.

2　「細菌の染色体」という言葉はよく出てくるが、厳密に言えば、これは誤用である。細菌の遺伝的構造は（電子顕微鏡でみえる場合については）遺伝担体、あるいは（遺伝的実験から推論される場合には）クロモネムとよばれ、あらゆる真核細胞において染色体（細胞当たり常に三個以上ある）を構成しているヒストン・タンパク質や密に折りたたまれた構造（ヌクレオソーム）をもっていない。

3　危機的状況と性のより複雑な形態との関係――すなわち、真核生物の減数分裂的性のことで、この中には、極端な環境ストレスへの応答としてだけ、有性的に胞子を形成するものがある――については、第3章で考察する。

4　生命とは何かについては、リン・マーギュリス、ドリオン・セーガン『生命とはなにか』（せりか書房刊）で考察した。それ以来、われわれにとって、生命とは、宇宙に多数存在する、エネルギー崩壊、すなわち消散過程の一つであることがますます明らかになった。以下の文献も参照のこと。Schneider, Eric and Sagan, Dorion (1998) *Into the Cool: The New Thermodynamics of Creative Destruction*, Henry Holt and Company, New York (in preparation).

5　進化における共生の重要性についての一般向け解説としては、次を参照のこと。Margulis, L., and Sagan, D. (1997) *Microcosmos: Four Billion Years of Microbial Evolution*, University of California Press: Berkeley.（リン・マーギュリス、ドリオン・セーガン『ミクロコスモス』東京化学同人刊）専門分野の詳細については、次を参照のこと。Margulis (1993) *Symbiosis in Cell Evolution* (2nd edition), W.H. Freeman Co.: Yew York.

1　菌類で典型的にみられる接合子還元では、接合子が成熟すると直ちに減数分裂を行う。胞子還元では、二倍体の親の減数分裂によって植物の胞子（配偶子ではない）ができる。動物で典型的な配偶子還元では、配偶子（卵と精子）をつくるときだけ減数分裂が起こる。

2　多くの生物学の教科書は「娘細胞」という言葉を使う。しかし、そのような用語はよくて混乱のもと（最悪ならば、完全な誤り）である。親の細胞にも、子の細胞にも性別を考える必要はないからである。性や性別の起源を考えるときに、この用語をもち込めば、問題がますます悪化することは言うまでもない。

3　減数分裂は単細胞のアメーバでは決して進化しなかったが、その多細胞性の子孫である細胞性粘菌で現れた。減数分裂は、繊毛虫類、渦鞭毛虫類、紅藻類、軸足虫類、有孔虫類、およびその他のプロトクチストでも、独立に進化した。有性的プロトクチストの特定の系統が、おそらく植物（すなわち、緑藻類より）、菌類（すなわち、ツボ型プロトクチストより）および動物（すなわち、おそらく襟鞭毛虫類より）の祖先となったのであろう。

4　菌類の「体」は、繁殖体——減数分裂（子実体など）か、体細胞分裂（胞子微毛）でできる——を支える単性（一倍体性）の糸状細胞の塊である。植物は単性状態（例えば、雄および雌の一倍体のコケの配偶体植物）で育ち、最後に体細胞分裂によって配偶子をつくった。配偶子は融合し、両性状態になる。緑褐色の、細長く糸状に伸びた構造は胞子体とよばれる。細長いカプセルの中の細胞は減数分裂を行い、減数胞子の形成によって二倍体状態が終わる。多くの菌類は有性的にもたらされた状態を維持し、未融合（したがって、一倍体の）核は、細胞質の融合でできた糸状構造中に浮遊している。未融合の核をもった、この一倍体性の融合細胞質の塊のことを二核体という。

5　粘菌類の各門を区別しているのは、生物学的な基本的違いである。何れも単細胞状態と、われわれの目には大型の個体に写る、多細胞の不定形な状態を交互にくり返している。アクラシス菌類はアメーバを形成し、それらは摂食の後に集合して多細胞からなる軸構造をつくり、やがて細胞壁をもつ胞子に変わる。タマホコリカビ類はアメーバを形成し、それらは摂食の後に集合して「ナメクジ」を形成する。これはのろのろと動き回る、単一の多細胞集合体である。これはもう少し後にならないと、やがて細胞壁をもつ胞子に変わる、定住性の軸構造をつくることはない。アクラシス菌類も、タマホコリカビ類も波動毛をもつ細胞をつくることは決してない。変形菌類、つまり真正粘菌類の生活史は、これらよりずっと複雑である。真正粘菌類の個々の細胞は、アメーバ、アメーバ様鞭毛体、融合鞭毛体、融合アメーバ、および植物のようにみえる構造をつくる、巨大な、多核の変形体を交互にくり返していく。

6　Franks, N.R. (1989) "Army Ants: A Collective Intelligence" *American Scientist*, 77: 139–45. Also, see Wilson, E.O. (1987) "Causes of Ecological Success: The Case of the Ants," *J. Anim. Ecol* 56: 1–9. For a more general treatment see, Corning, Peter (1996) Holistic Darwinism: Group Selection and the Bioeconomics of Evolution, 19th Annual Meeting European Sociobiological Society, July 22–25. And see Bloom, Howard (1995) *The Lucifer Principle: A Scientific Expedition into the Forces of History*. The Atlantic Monthly Press: New York.

7　動物のことを「高等」と言うときには、実際に彼らが「われわれに近い」ことを意味している。われわれに似た動物を「高等」であるというとき、われわれは直観的に、彼らが熱力学的平衡から は隔たった存在であることを指しているのかもしれない。ＲＮＡ、細菌、細菌融合体、有核細胞、有核細胞融合体、そして有核細胞融合体の特別の成長によって形成される有性の肉体は、不活性な（生命をもたない）物体という「基底状態」からしだいに離れていく各段階にあたる。

8　一親性の動物は、大きな個体群の一員として交配の機会をもっていないから、実際上は種に属さないのだという論点は、以下の文献にのべられている――"Sex and the Order of Nature," in Wicken, Jeffrey S. (1987) *Evolution, Thermodynamics, and Information: Extending the Darwinian Program.* Oxford University Press: New York, pp. 212–219. 実際問題としては、種は形態的差違によって定義されるという、「形態種」概念をわれわれは正しいと思っている。かつて自由生活性であった生物のうちの同じタイプを、同じ数だけとり入れて自らを構成している複数の個体があれば、それらは同一の種に属する。多くの植物、菌類、プロトクチストおよび動物に通用すると言われる、交配可能かどうかという種の定義の基準は、例えば、大部分の鳥類、哺乳類、昆虫類など、限られた数の分類群しかあてはまらない。この種の定義は生物一般には使えない。形態による種の定義に基づけば、スナトカゲのような一親性動物の分類も、界から種まで容易に行える。

9　Carrol, Lewis (1871) *Through the Looking-Glass and What Alice Found There,* Macmillian: London. Cited Ridley, Matt (1994) *The Red Queen, Sex and the Evolution Human Nature,* Macmillan Publishing Company: New York, p.64.

10　Gonick, Larry (1995) "Science Classics," in *Discover*, December, pp. 108–109. リン・マーギュリス、ドリオン・セーガン『性の起源』（青土社刊）、CT; sagan, D. and Margulis, L. (1985) "The Riddle of Sex," *The Science Teacher* 52: 16–22.も参照されたい。

第4章　死の接吻——性と死

1　Dobson, John L., (1995) "The Equations of Maya," In *Cosmic Beginnings and Human Ends: Where Science and Religion Meet,* (Clifford N. Matthews and Roy Abraham Varghese, eds.) Open Court:

Chicago, p.272.

2 Jantsch, Erich, (1983) *The Self-Organizing Universe*, Pergamon Press: New York, p.16.

3 もう一度言うが、種という言葉は誤解のもとである。これらの個体群では、相補的性別をもつ生物が、子孫をつくるために必ずしもたがいに交配を行っていないからである。一親的に増殖するのであれば、彼らは共通の遺伝子プールを共有していることにならない。伝統的な動物学の用語としては、彼らは種とは認めがたいが、彼らは間違いなく「形態種」ではある。より多くの例については、以下を参照のこと――White, M.J.D. (1961) "The Cytology of Parthenogenesis," In *The Chromosomes*, John Wiley and Sons; New York, pp.127–137.

4 Holdrege, Graig (1996) *Genetics and the Manipulation of Life*, Lindisfarne Press: Hudson, New York.

5 *Ibid.*, pp.110–11

6 （染色体の複製に対する動原体の複製、あるいはその逆）が相対的に遅れるという概念の理解が難しいのは、われわれにもわかる――それで、ここではそれについて説明しなかった。核の分裂における動原体の役割についての説明を含め、専門的に詳細を知る必要があれば、以下を参照のこと――リン・マーギュリス、ドリオン・セーガン『性の起源』（青土社刊）と、特にMargulis, L., (1993) *Symbiosis in Cell Evolution*, 2nd ed. または "The Riddle of Sex," chapter 21 of our 1997 *Slanted Truths*, Springer Verlag: New York, pp.283–94. Note. の短い記述を参照せよ。追記――本章での細胞死についての考察は、一部以下の文献によることを認め、ここに感謝の意を表す――William, R. Clark's *Sex and the Origins of Death* (Oxford University Press: New York and Oxford, 1996).

第5章　不思議な魅力――性と知覚

1 Schneider, Eric, D. and Kay, James, J., 1995, "Order from Disorder: The Thermodynamics of Complexity in

Biology," in Murphy Michael, P. and O'Neil, Luke A. J., eds., *What is Life? The Next Fifty Years: Speculations on the Future of Biology*, Cambridge University Press: Cambridge, pp. 168–170.

2 Abram, David (1996) *The Spell of the Sensuous*, Pantheon Books: New York.

3 Darwin, Charles (1874) *The Descent of Man, and Selection in Relation to Sex*, Murray: London, p.257.

4 Andersson, M. (1982) "Female Choice Selects for Extreme Tail Length in a Widow Bird," *Nature* 299: 818–820.

5 Wallace, A. R. (1901) *Darwinism*, 3rd ed., Macmillan: London, p.273.

6 In Darwin, F. and Seward, A. C., eds. (1903) *More Letters of Charles Darwin: A Record of His Work in a Series of Hitherto Unpublished Letters*, John Murray: London, pp.62–63.

7 Hamilton, H. D. and Zuk, M. (1982) "Heritable True fitness and Bright Birds: A Role for Parasites?," *Science* 218: 384–387.

8 Eberhard, William G. (1985) *Sexual Selection and Animal Genitalia*, Harvard University Press: Cambridge, p.83.

9 ホブソンの選択は全然選択ではない——言葉巧みな手品師の暗黙の強制に対する、一つの応答である。おもしろいことに、雌の性選択が「強制」された性質をもっているという事実は、一般に選択とは何かという、より大きな問題の提起につながる。よく知られているように、生物を含め、あらゆるものは大部分が、過去の相互作用の決定論的結果であるという、科学界おける支配的見解と、自由意思とはあまりよく一致しない。しかし、この文章を最後まで読むか、この本を置くかのどちらかを選べる——また、その他の無数の決定を下せる——という感覚は瞬時に強く起こるものである。近代科学界的見解という枠組みの中では、「選択という愚かしさ」（この表現はロビン・コルニッキからの借用である）は、二つの結論のうちのどちらかを選ぶことを強制する——自由意思が存在し、科学は何らかの方法でそれに道を譲るのだと結論するか、自由意思は幻想であると結論するかである。選択を行えるという感覚は、その数の多さだけでもわれわれを圧倒しかねない決定のもつ意味を、われわれに理解させる精神的「近道」だ、などということがあるのだろうかと、考えてもみたくなる。そして、自由意思という幻想をもった自動機械のような生物の方が、そのような愚かしさをもたない生化学的ロボットよりも生き残りやすいという、決まりなどないのだろうか。

10 Eberhard, William G. (1985) *Sexual Selection and Animal Genitalia*, Harvard University Press: Cambridge. p.71.

11 Smith, N. G. (1967) "Visual Isolation by Gulls," *Scientific American*, 217 (4): 94–102.

12 しかし、これには哲学的異論がある。それは、現実には進化的認識論を擁護するものは何もないのではないかという根本的疑いに発している：自然について信ずることがわれわれの生き残りを助けることがあるとすれば、それは、信念が外部の何らかの現実と対応しているかどうかにかかっている。例えば、意地悪な風や雨の神への信仰が維持されるのは、そう信ずることで種族民が作物をより手厚く世話するからである。

13 Shephard, Roger, N. (1990) *Mind Sights: Original Visual Illusions, Ambiguities, and Other Anomalies, with a Commentary on the Play of Mind in Perception and Art*, W. H. Freeman, New York, p.4.

14 Delbruck, Max (1985) "An Essay on Evolutionary Epistemology" in *Mind from Matter*, eds., Gunther S. Stent and E. Peter Fischer, Blackwell Scientific Publications, Oxford, UK.

15 Angier, Natalie (1996) "Illuminating How Bodies are Built for Sociability," *The New York Times*, April 30, 1996, pp. CI and CII. Also, see Ackerman, Diane (1994) *A Natural History of Love*, Vintage Books: New York, pp.166–167.

16 Liebowitz, Michael (1983) *The Chemistry of Love*, Boston: Little Brown.

17 Ackerman, Diane (1994) *A Natural History of Love*, Vintage Books: New York, pp. 164–166.

18 Trivers, R. L. (1985) *Sosial Evolution*, Benjamin Cummings: Menlo Park, California.

19 Smith, Robert, ed. (1984) *Sperm Competition and the Evolution Animal Mating Systems*, Academic Press: Orlando, Florida. Also, see Baker, R. R. and Bellis, M. A. (1994) *Human Sperm Competition: Copulation, Masturbation and Infidelity*, Chapman and Hall: London.

20 チンパンジーの古い分類名*Pan satyrus*は猿を好色な半人半獣とする神話に由来している。ゴリラという英名は、体毛の濃いアフリカ女性の部族を意味するギリシア語に由来するが、ボノボの名前としては、これの方が*Pan paniscus*よりも相応しかったかもしれない。これについては、以下を参照のこと―― de Waal, Frans B. M. (1995) "Bonobo Sex and Society," *Scientific American*, March: 82–88.

21 女性が堕胎を受けるのを拒絶する「終身懲役者の権利」は、交配システムの進化という観点からみれば、雄が古くからもつ独占欲の制度化された一形態である。このアンチ堕胎行動は、ある意味では、すでに妊娠している女性が他の男性によって妊娠させられるのを妨げようとする、「優位にある」男性の企みであると説明される。女性の肉体が生殖を支配している事実は、ダーウィンが動物の世界において熱心に記載した、長い進化の歴史をもつ雌の選好性が、人間の世界にも引き続きあてはまることを保証している。誰と交配するかを選択することによって、女性が人間の進化の主導権を握り続けているからである。

22 Frank, Laurence, G., Weldele, Mary, L., and Glickman Stephen, M. (1995) "Masculinization Costs in Hyenas," *Nature* 377: 6550. 一九九六年二月一四日、アマーストのマサチューセッツ大学の神経科学と行動プログラムにおいて催されたコロキウム「性とブチハイエナ」において、グリックマンは、ハイエナの卵巣はエストロゲンは少量しか生産しないが、エストロゲンの一種のエストラジオールとテストステロンの共通の化学的前駆体であるアンドロステンジオンを多量に生産することを発見したという研究結果を発表した。ふつう母親の血流で循環しているアンドロゲンは、ヒトなどの哺乳類の雌の胎児にあって、潜在的に性を変える働きのある化学物質を中和するタンパク質と結合することで守られている。ところが、ハイエナでは、胎盤が卵巣でつくられたアンドロステンジオンからテストステロンを合成し、母親の血流によって循環させる——発生中の雌の胚の近くで胎盤がテストステロンをつくっている。アロマターゼという酵素は、テストステロンをエストラジオールという、幼児の雌らしさを保証するホルモンへ換える。ハイエナについての研究が行われて以来、サンフランシスコに住む三人の遺伝的には女性だが、二次的に男性の特徴を示す人々が、アロマターゼ欠損症と診断されている。

第6章　一緒になろう——未来の性

●引用文——引用した地球化学者のロバート・ガレルの言葉は、一九八四年にサンノゼのカリフォルニア大学のカフェテリアで、ドリアン・セーガンに対してのべられた私的発言である。

1　生命の動態に関する、重要なこれら二つの極を初めて伝統の維持と新規性という言葉で表現したのは、宇宙物理学者エリック・ジャンチュである．以下の文献を参照——Jantsch, Erich (1983) *The Self-Organizing Universe*, Pergamon Press: New York.

2　遺伝的に同一のミジンコ、バッタ、ウサギ、およびヨザルをたがいに比較した結果からはすべて、置かれた環境および個々の発生パターンの結果として、神経系に変異が生ずることが示されている。以下を参照——Edelman, Gerald M. (1992) *Bright Air, Brilliant Fire: On the Matter of the Mind*, Basic Books: New York, p.26.

3　われわれと水との関係は、われわれと、陸生の祖先から進化した水生動物の疑似収斂現象を強調している。柔軟性をもつ脊柱、多量に水分を出すという海産動物様の能力、風呂や海岸を好むこと、水になじみやすく体毛が比較的少ないこと、嘔吐反射、新生児がすぐに泳ぎを覚える、生まれつきの能力、ひれのような手と、ときに水かきを生ずる足など、ヒトのもつ、いくつかのきわ立った特徴は、われわれは他の類人猿とは違って、進化上の形成期に水中の生活を経験したことを示唆しているとみる人もいる。カート・ヴォネガットの小説ガラパゴスに出てくる人々は収斂的に進化する。第三次世界大戦からも、大流行中のエイズ様ウイルスからも安全性を脅かされずに離れ小島に住む少数の裕福な旅行者と著名人たちの子孫は、長年の進化で、突き出て、先のとがった、小さな頭をもつようになったため、水にとび込んでもほとんどしぶきをあげないようになり、三歳を過ぎると自分の母親を覚えていられなくなる。ヴォネガットは、これら水生の人類の子孫たちが寝そべって日光浴をしているさまを描写し、唯一彼らを人類の祖先と固く結びつけている形質があり、それは、海岸で寝そべっている一人がおならをすると、待っていたように周囲の皆がどっと笑うことだと、読者に教えてくれる。ヴォネガットのフィクションのシナリオを一刀両断してみると、そこには、セイウチ、トド、アザラシ、イルカ、そしてクジラの祖先と同様に、ヒトの祖先の哺乳類も水へ戻ったのだという水生論が示唆されている。ただし、これらの生物とは違って、われわれはその後に陸上へ再適応した。われわれが進化の重要な時期、おそらく鮮新世を通じて、水際または水中での生活を経験したろうという学説を最初に提起したのは、海洋生物学者のサー・アリスター・ハーディーであった。そのとき彼は、ある解剖学者ののべるように、ヒトにはあるが、その最も近い親戚であるチンパンジーにはない、皮下脂肪層の由来を説明しようとしたのである。「初期の霊長類が、当時アフリカ東海岸沖にあって、〈熱帯性ペンギン〉の棲む……島へ上陸するよう駆り立てられたという……ハーディーの見解は……、伝統的考え方を重んじる人々には批判されてきた。彼らは、この考えはまったくの憶説であり、それを支持する一片の直接証拠もないと指摘している。彼らが認めようとしないのは、彼らの〈サバンナ狩猟説〉自体にも、同様に状況証拠しかないことである。」以下を参照のこと――Morris, Desmond (1994) *The Human Animal: A Personal View of the Human Species*, Crown Publishers, Inc.: New York, pp.53–61. ヒトの食餌において必須脂肪酸が重要であり、それが容易に魚から摂取できることも、ヒトが水生の祖先をもつというハーディーの概念を支持しているともいえる。

4 Butler, Samuel (1924) *Unconscious Memory*, Vol.6 of *The Shrewsbury Edition of the Works of Samuel Butler*, Jonathan Cape: London, p.57. 共同体から生命体への進化的変遷について、さらに知りたければ、以下の文献を参照のこと――Sagan, D. (1992) "Metametazoa: Biology and Multiplicity" In *Incorporations (Zone 6; Fragments for a History of the Human Body)* Jonathan Crary and Sanford Kwinter, eds., Zone: New York, pp.362–385; Sagan, D. (1997) "What Narcissus Saw: The Oceanic "I" / Eye." In *Slanted Truths: Essays on Symbiosis, Gaia and Evolution*, Springer Verlag, New York, and Sagan, D. (1990) *Biospheres*, Bantam Books, New York. サミュエル・バトラーの理論についての我々の見解は『生命とはなにか』(せりか書房刊) 第9章を参照されたい。

5 Sherman, Paul W., Jarvis, Jennifer U. M., and Alexander, Richar, D. (1991) *The Biology of the Naked Mole-Rat: Monographs in Behavior and Ecology*, Princeton University Press Princeton, NJ.

6 頭をもたない肉体、あるいは王、首相、大統領、首領ないしは国の何らかのトップをもたない国家を想像することは難しいが、有機組織体には頭はないし、それに付随するトップダウン的ヒエラルキーも存在しない。社会が個人から構成されているように、ホロンという実体はより小さいホロンから構成されている。これらを考え併せると、ホロンは「ホラルキー」を形成する。ホラルキーは、多くの異なる権力の中心、つまり多くの「頭」をもつ組織体に対応している。それでもなお、われわれの概念にとって頭のもつ中心的重要性を考えると、権力と相互伝達手段を中心部に集中させることが、生物学的組織化ではしばしば使われる途であったことに気づく。

7 Freud, Sigmund (1955) *Civilization and its Discontents*, Joan Riviere, tr., The Hogarth Press Ltd.: London, pp.76–77.

8 Colborn, Theo, Dumanoski, Dianne, and Myers, John Peterson (1996) *Our stolen Future: Are WE Threatening Our Fertility, Intelligence, and Survival?—A Scientific Detective Study*, Dutton: London.

9 Gimeno, Sylvia, Gerritsen, Anton, and Bowmer, Tim (1996) "Feminization of Male Carp," *Nature* 384 (21): 221–222.

10 Fausto-Sterling, Anne (1993) "The Five Sexes: Why Male and Female are Not Enough," *The Sciences*, March/April, pp.20–24.

11 Terman, Richard, C. (1984) "Sexual Maturation of Male and Female White-Footed Mice (*Peromyscus leucopus noveboracensis*) : Influence of Physical or Urine Contact with Adults," *Journal of Mammalogy*, 65 (1): 97–102.

12 B・R・コミサルクとB・ホウィップルは、脊髄を切断し、頚部を刺激すると、瞳孔の拡張と痛みを感ずる閾値が上がるという観察を通じて、ラットに迷走経路があるという、さらなる証拠を得た。彼らは脊髄から切片を除去してみたが、同じ結果を得た。一九九〇年に、テキサス大学サンアントニオ校のマシュー・J・ウェイナーはラットの生殖器にアイソトープを注射すると、それが迷走神経によってとり込まれることを観察した。これは、「脊髄を迂回する経路があったことを示している。」——DeKoker, Brenda (1996) "Sex and the Spinal Cord: A new pathway for organism," *Scientific American* 275 (6), pp.30–32 を参照。

13 Shaviro, Steven (1997) *Doom Patrols: A Theoretical Fiction About Postmodernism*, Serpent's Tail: New

York and London, pp.37–38.

14 生物学者は、ナラやカシの木、カエル、カメに典型的にみられるように、子孫をたくさんつくり、そのうちの少数しか生き残らないという「R」選択と、ラン、カンガルーおよびヒヒのように子供を少数しかつくらず、そのおのおのにより、多くの注意と資源を振り向け、相対的生残率を高くする「k」選択とを区別している。大部分の魚類やゴキブリは「R」選択されるのに対し、ゾウやヒトは「k」選択を受けている。ここでRとkは、人口動態を示す式における係数に対応している。実際、人類の全能性の喪失が予知されるということは、ある意味では、「k」選択の論理的帰結である。

15 場所も、仲間と共通の社会的機能も、「生命」ももたないでも知的でいられるという——「世代X」の「なまけ者」であるという——自意識過剰で、皮肉っぽい宣言でさえも、社会再生産的再組織化の徴候であるととられかねない。

16 技術の立場は今後の興味ある問題である。技術は、人間性の延長線上にあって、われわれの威厳を高めるものなのだろうか、それともむしろ人間性によって醸成されたものであり、何時かはわれわれの支配を脱して、われわれにとって替わるものなのだろうか。無邪気な装置のその先にあるものは、人工知能と走り回るロボットたちが主人にとって替わる日なのであろうか。それとも、技術は第二の皮膚や補助的な器官系のようなものであり、それを支配している人々にスーパーマンのような有利さをもたらすものなのだろうか。サミュエル・バトラーは一九世紀に、あるニュージーランドの新聞紙上で、偽名を使い分けながら、技術問題のもつ二つの側面について論陣を張った。バトラーと機械についてさらに知りたければ、以下を参照のこと——Dyson, George B. (1997) *Darwin Among the Machines: The Evolution of Global Intelligence*, Addison-Wesley: Reading, Massachusetts. また Sagan, D. (1990) *Biospheres*, Bantam Books: New York,『生命とはなにか』(せりか書房刊)、エピローグも参照のこと。

17 Bloom, Howard (1995) "Love with the Proper Stranger," *Net Guide*, (February), pp.1–2. また、Turkle, Sherry (1995) *Life on the Screen: Identity in the Age of the Internet*, Simon and Schuster: New York. も参照のこと。

18 Heim, Michael (1991) "The Erotic Ontology of Cyberspace," in Benedikt, Michael, ed. *Cyberspace: First Steps*, The MIT Press: Cambridge, Massachusetts. p.61.

19 Haraway, Donna (1991) "A Cyborg Manifesto: Science, Technology, and Socialist-Feminism in the Late Twentieth Century" in *Simians, Cyborgs, and Women: The Reinvention of Nature*, New York: Routledge.

20 Dery Mark (1996) *Escape Velocity: Cyberculture at the End of the Century*, Grove Press: New York.

21 Negroponte, Nicholas (1995) *Being Digital*, Alfred A. Knopf: New York, p.23.

22 動物はもちろん、一倍体の卵(単細胞)をつくる。多くの精子がそれに侵入しようとするが、それの受精は一つの一倍体の精子(単細胞)によって行われる。菌類は、分生子(一倍体――単一の親のみを必要とする)、あるいは子嚢胞子ないしは担子胞子(両親を必要とするが、やはり一倍体)とよばれる繁殖体を形成するとき、単細胞ないしは非常に少数の細胞の状態に戻る。単一状態への回帰の話は、植物の場合にはもう少し複雑である。交配は湿っぽく、甘美なものだが、顕花植物の場合、それは伸長した花粉の核と雌――花の組織に完全にとり囲まれた胚嚢――の核との間で起こる。それでも、次のような一般論が成り立つ。すべての大型の有性生物は各世代ごとに、単細胞(精子、卵、菌胞子)もしくはそれに同等のもの(多細胞性菌胞子、花粉管核、胚嚢核等々)に戻る。以下を参照のこと――リン・マーギュリス、ドリオン・セーガン『生命とはなにか』(せりか書房刊)。

23 Stock, Gregory (1993) *Metaman: Humans, Machines, and the Birth of a Global Superorganism*, Bantam

Press: London.

24 Grinevald, J. (1988) "A History of the Idea of the Bioshere," In P. Bunyard and E. Goldsmith (eds.) *Gaia: The Thesis, the Mechanisms and the Implications Proceedings of the First Annual Camelford Conference on the Implications of Gaia Hypothesis* Quintrell and Co.: Cornwall, UK. Reprinted as Grinevald, J. (1996) "Sketch for a History of the Biosphere," In P. Bunyard (ed.) *Gaia in Action: Science of the Living Earth*, Floris Books: Edinburgh, pp.34–53.

25 Sagan, D (1990) *Biospheres*, Bantam Books: New York, pp.6–7.

26 移動することの必要性が「薄れ」つつあることは、S&P五〇〇株式指標を構成する会社の業種にも反映されている。一九六〇年には輸送業四三、乗用車・トラック二四に対して、コンピュータならびに遠隔通信については、わずか八社のみがリストに載っていた。一九九五年の時点までに、コンピュータ・遠隔通信関係が三七社に増えたのに対し、輸送業は一五社、乗用車・トラック関係は一三社だけがリストに残っていた。

27 微生物世界の性の特異性について、より専門的に知りたければ、リン・マーギュリス、ドリオン・セーガン『性の起源』（青土社刊）を参照のこと。これらの性的特異性の遺伝的制御について、最近増えつつある文献にふれたければ、入門書として以下を参照のこと——Horgan, John (1997) "A mutant gene alters the sexual behavior of fruitflies," *Scientific American*, June, pp.26–31.

用語解説（本文中に＊を付した）

アポトーシス（Apoptosis）
プログラム細胞死――壊死（別掲）とは違って、通常の発生のさいに起こる、遺伝的に折り込みずみの細胞の死。

アポトーシス小体（Apoptotic bodies）
死につつある細胞から放出される断片――アポトーシスで生ずるＤＮＡと膜に富む小さな構造体。

アポミクシス（Apomixis　形容詞＝apomictic）
もとは有性的であった状態。子孫を残す二親性の交配（ミクシス）を省略するような一親性の減数分裂ないしは受精。例＝「処女生殖」。

ＲＮＡ（リボ核酸）
ＤＮＡによく似た長鎖分子で、窒素、酸素、リンを含む一本鎖からなる分子。ＤＮＡとタンパク質の間の伝令役を果たすだけでなく、あらゆる細胞、すなわちあらゆる生物に不可欠な、それ以外の役目も果たしている。

異型(ヘテロ)接合性（Heterozygosity　名詞＝heterozygote　形容詞＝heterozygous）

遺伝的に異なる両親に由来する二倍体生物における遺伝的雑種状態。このような異型接合体は、単数ないし複数の遺伝子に関する異なる対立遺伝子（種類）をになう染色体対を一つまたはそれ以上もっている。「同型(ホモ)接合性」参照。

異型配偶子性（Anisogamy）

発生を続けさせるのに受精を必要とする性細胞（配偶子）が、大きさ、または形の点でたがいに違う場合（例＝ミズカビや動物の卵と精子は異型配偶子であり、二つの同等の配偶子をもつクラミドモナスは同型配偶子である）。異型配偶子生殖は動物と植物にみられる。「同型配偶子性」参照。

一倍体性（Haploidy）

核が染色体の完全セットを一組だけもつ、すなわち、核が一倍体であるような真核生物（その細胞、組織、もしくは個体）の状態。二倍体性（二セット、2n）と区別するため、1nと略す。「二倍体性」参照。一倍体性は減数分裂によって再成立し、二倍体性は受精によって再成立する。

遺伝子型（Genotype）

特定の形質に関する個体の遺伝的構成。それらの形質を物理的に外部に表すこと（表現型）に対比される。

壊死（Necrosis）

他の部分は生きている個体の細胞群、組織もしくは器官の死。

SOS応答（SOS response）

DNA障害（化学的、放射線などによる）が引き金となって、細菌のDNA修復系のタンパク質は活性化される。修復過程そのものにエラーが起こりやすく、新たな突然変異の原因となりうる。

エントロピー（Entropy）

一つの系の無秩序の度合を表す熱力学用語。宇宙全体も、その中の大部分の系も、常にエントロピーを増大させる傾向へ向かっている。水蒸気や液体の水と雪の結晶はともに同じ化学物質（酸素原子一つに対して水素原子二つの水分子、H_2O）からできているが、それらに含まれているエントロピーは水蒸気や液体の水の方が大きい。

オートガミー（Autogamy）

自家受精——双方が単一の親もしくは核に由来する、二つの細胞全体または核同士の交配（融合）。

オートポイエーシス（Autopoiesis）

自己保存性——生命を定義すると同時に、膜で区画され、自己限定性であり、内部組織性のシステムが、変化する環境の中でダイナミックに自己同一性を維持するのに関連する一連の原理。オートポイエーシスをもつ存在は、究極的には太陽エネルギーを消費しつつ、自らを構成する部分をとり換えたり、修復したりできる。

開放系（Open system）
熱力学とよばれる物理科学の一分科の研究において、物質およびエネルギーの流入と流出に対して開かれている領域のことを指す。生体系、半透性の細胞、は開放系である。

核（Nucleus）
真核生物に普遍的に存在する細胞小器官。膜に囲まれ、ふつう球形の、このDNAを含む構造体はDNAおよびRNA合成双方の合成の場である。核の中で、クロマチンが折りたたまれて染色体をつくっている。

共生（Symbiosis）
異なる種に属する二つ以上の異なる個体間の、長期にわたる物理的連合。共生において、パートナーは行動、代謝、遺伝子産物、あるいは遺伝子のレベルで統一系となる。

共生創生（Symbiogenesis）
異なる種の生物が物理的に連合することによって、新たな細胞、器官、あるいは個体を創生すること。周期的な場合と恒久的な場合とがある。「ハイパーセックス」参照。

極（Pole）
体細胞分裂または減数分裂のさいに、紡錘糸の両端となる分裂細胞の位置。多くの生物では中心小体のある場所。「紡錘体」参照。

クロマチン（Chromatin）

染色体の構成成分で、容易にみえる物質。すなわち、ＤＮＡ、さまざまなヒストン、非ヒストン・タンパク質からなる。

形態種（Morphospecies）

形（形態）に基づいて区別できる種のことで、そのために別の名称をもつ。

形質転換生物（Transgenic organism）

外来の遺伝子（トランスジーン）を一つ以上とり込んでいる生物。多くの場合、そのトランスジーンの関与する形質を発現する。遺伝子工学的にヒトの遺伝子をとり込ませて作製した大腸菌の形質転換体は、ヒト・インスリンを大量に生産するのに使われている。

形質導入（Transduction）

小さいレプリコン（例＝ウイルスやプラスミドＤＮＡ）を一つの細胞小器官、あるいは細菌から、別の細胞小器官、あるいは細菌へ転移させること。ふつう、ウイルスによって仲介される。形質導入には、エネルギーを一つの形態から他の形態へ変換する（例＝光から化学エネルギーへ、機械エネルギーから熱へ）という意味もある。

原核生物（Prokaryote）

細菌の細胞、またはそれでできた生物。

減数分裂（Meiosis）

染色体数を半減させる細胞分裂。例＝親の二倍体細胞が一倍体の子孫細胞をつくるときの一回または二回の分裂。いくつかの生物（例＝動物）では、二倍体の体細胞が減数分裂を行って、一倍体の配偶子（「二倍体」参照）をつくる。別の生物（例＝菌類）では、二倍体の接合子（「二倍体」参照）は一時的なもので、できるとすぐに減数分裂をして一倍体の核をつくる。大部分の減数分裂では、同時に染色体の対合がみられる。減数分裂は融合的性の周期に不可欠で、あらゆる動植物とあらゆる有性菌類にみられる。還元的性は多くのプロトクチストにもあるが、決してすべてにはみられない。

光合成（Photosynthesis）

光合成独立栄養性。光がエネルギー源となる栄養様式。光合成独立栄養生物は光エネルギーを使って、無機化合物（二酸化炭素、窒素塩、リン酸）から細胞物質をつくる。

光子（Photon）

光の基本単位。電磁放射線の粒子（量子）。

孤立系（Isolated system）

熱力学とよばれる物理科学の一分科の研究において、物質およびエネルギー双方の流入と流出に対して、孤立した、閉じられた領域のこと。真空ジャーに熱いコーヒーを入れるのは、不完全ながら、孤立系をつくろうとする身近な試みである。

細胞小器官（Organelle）

波動毛、ミトコンドリア、核、あるいは葉緑体のように、細胞内に実体として存在する構造体。

種（Species）

名称があり、同定可能で、他の生物と分類上の区別ができる生物の集団。たいてい、体、代謝、行動の特徴で判別される。同じ種のメンバーは遺伝子の大部分を共有している。動物と植物では、一つの種のメンバーは、別の種のメンバーとは交配しないか、交配を試みたとしても、不妊に終わる。

従属栄養性（Heterotrophy　名詞＝heterotroph　形容詞＝heterotrophic）

生物が二酸化炭素や一酸化炭素ではなく、炭素―水素含有物質（それ自体が化学合成または光合成で生じたタンパク質、糖および脂肪など）から炭素を得るという栄養の様式。従属栄養生物の例には、浸透栄養生物（大部分の細菌と菌類のような栄養吸収生物、昆虫食者、植食者、肉食者、その他多くの生物）が含まれる。

収斂（Convergence）

一点に集まる、あるいは平行な進化。直接は関係ないが、同様の選択圧の下に棲む、複数の生物集団において類似の構造もしくは行動が独立に発達すること（例＝サメとイルカにおける、ほぼ類似した体制の進化）。

受精（Fertilization）
二つの性（一倍体）細胞が融合すること。配偶子（細胞全体）あるいは染色体を含む配偶子の部分（核）は融合して二倍体核（菌類、多くのプロトクチスト）、または受精卵（動物、多くの植物とプロトクチスト）、あるいは胚嚢（種子植物）を形成する。この結果できる、二倍体核を含む大型化した細胞は接合子とよばれ、受精の結果できるもっともふつうの構造体である。

松果腺（Pineal gland）
松果体ともいう。哺乳類のものが松笠に似た形をしていることから、こう名づけられた。脳の底部から隆起した部分で、ホルモンのメラトニンを生産する。メラトニンの生産は日周期性と関連している。哺乳類の中には、メラトニンのレベルが精子および卵の生産に影響を与えるものも知られており、冬の長い夜がくると、これらでは生殖が「停止状態」になる。

蒸散作用（Evapotranspiration）
植物の葉の孔から水分が蒸発すると、陰圧を生じ、それによって根系を通じて水が引き上げられ、水蒸気として大気中へ放出される。

食作用（Phagocytosis　形容詞＝phagocytotic／phagocytic）
細胞による固形粒子の摂取を含む、従属栄養および免疫的防御の様式。アメーバや大食細胞（白血球）に特徴的にみられ、それらの偽足（細胞質の「ふくらみ」）が侵入した細菌などの血流になわれた粒子に覆いかぶさり、それらを飲み込む。

真核生物（Eukaryote）

核をもつ細胞からなる生物。

スーパーオーディネーション（Superordination）

より高い地位、立場、あるいは価値の獲得。生物学用語では、とくに、粘菌、ハダカモグラネズミ、アリ、ミツバチ、スズメバチなどの個体が連合して集団となることで、単一の大きな生物体になる傾向を指す。

性（Sex）

二つ以上の親に由来する遺伝物質をもつ生物をつくること。溶液からの遺伝物質のとり込みと、少なくとも一つの（オートポイエーシスをもつ）生命体によるＤＮＡの組換えを最低限含んでいる。性は、真核生物における一倍体核の形成（減数分裂）と接合子を形成する受精を含む生殖の一様式のことも指している。

生殖（Reproduction）

生物個体数の増大をもたらす過程。単一の親は（二分裂、出芽など）性を含まない過程で生殖が可能なのに対し、親が二つの場合には有性生殖が必要である。

性的二型性（Sexual dimorphism）

同一種に属する雄と雌が、体重、体形、行動、代謝などの点で異なること。藻類、いくつかの顕花植物、すべての動物でみられる。

性別（Gender）

二つの相補的生物間にあって、それらの交配を可能にしている差違。異なる性別に属する生物は潜在的に交配可能だが、同一の性別どうしは交配して生殖可能な子孫を残せない。健全な状態で、何百、何千という性別の個体を含む種も多い。いくつかの種では、性別（交配型）の違いはわずかな変化によって決められている。ありふれた菌類であるシゾフィルム（Schizophyllum）では、キノコの糸（菌糸）の表面の特異的遺伝子とタンパク質が、五万以上の異なる性別をもたらしている。繊毛虫類の性別はめまぐるしく変わる。波動毛表面タンパク質（繊毛抗原）のわずかな化学的、遺伝的違いによって性別が生じ、それは一日を周期として変化しうる。雄や雌であることは、一般に異型接合による受精と結びついており、雄の個体は多くの、小さい、遊泳性の配偶子（つまり、精子）を生産するのに対し、雌のつくる配偶子（つまり、卵）は数が少なく、大型で、養分を含んでいるが、このようなシステムは、自然界にある多くのシステムのうちの一例にすぎない。

接合（Conjugation）

つながり合う、つまり相補的な性の間の交配による細胞の接触のことで、この結果、遺伝的組換えが起こる。細菌（原核生物）では、細胞の接触した部位で、供与者から受容者への遺伝物質の伝達が起こる（これ以外の形態の原核生物の性は接合ではない）。真核生物では、接合は同型配偶子間の交配——同等のサイズや形態の配偶子、配偶核または生物の交配のことを指している。

接合子（Zygote）

交配によって生ずる受精卵などの二倍体（2n）核、もしくは細胞。何れの場合にも、二つの一倍体核または細胞が融合（受精）して接合子をつくるが、動植物および、いくつかのプロトクチスト（これらは配偶子性減数分裂を行う）では、接合子は新しい個体へと発生する運命にある。菌類と接合子性減数分裂を行うプロトクチストでは、接合子の段階は短命、かつ不安定で、接合子ができるとすぐに減数分裂が起こり、再び一倍体核がつくられる。

セム（Seme）

明らかな選択有利性をもち、したがって進化的に重要な複合的形質。一連の相互作用し合う遺伝子群の進化の結果もたらされる。進化生物学者による研究の単位（例＝窒素固定、細胞運動、眼）。

染色体（Chromosome）

クロマチンからなる、遺伝子（ＤＮＡ）をになう構造。染色した細胞か、巨大な染色体をもつ細胞で、たいていは体細胞分裂か、還元的核分裂のときだけにみえる。

染色分体（Chromatid）

半染色体（クロマチン複製後の染色体）。各染色分体がそれぞれに細胞の端（極）へ向かって移動（「分離」）する有糸分裂のときにみえる。一つの細胞が二つになると、染色分体は染色体になる。

全能性（Totipotency）

発生の全段階をくり返し、新たに完全な個体、もしくは広い範囲にわたる異なる細胞タイプを生みだす能力をもつ繁殖体または増殖細胞を指す発生学用語。「胚幹細胞」参照。

走磁性（Magnetotaxis　形容詞＝magnetotactic）

一つの磁場で、生き物が磁極へ向かって、引っ張られて遊泳すること（例＝磁鉄鉱を含む細菌あるいはクラミドモナスのように、南または北を向くこと）。

体細胞分裂（Mitosis）

染色体数の維持される細胞分裂。例＝一倍体または二倍体の親の細胞から、遺伝的に類似の子孫細胞ができるときの分裂。ふつう四つの段階に分けられる——前期＝中心粒が分裂し、染色体が凝縮する。中期＝染色体が移動し、核の赤道面に並ぶ。後期＝動原体部分で染色体が分離し、両極へ移動する。終期＝染色体は伸展した状態に戻り、細胞全体が分裂する。

代謝（Metabolism）

エネルギーおよび熱発生性生体物質の化学反応。ＤＮＡ合成（遺伝子複製）やタンパク質生産（ＲＮＡおよびタンパク質合成）も含まれ、オートポイエーシスを支えている。エネルギーが生みだされるとともに、老廃物ができる。

大食性（Macrophagy）

従属的栄養摂取の様式で、生物（大食細胞）が自らの大きさの割に大きな食物粒子を摂取すること。大食細胞は、哺乳類の免疫応答の一部として、病原体を飲み込む、アメーバ様白血球のことも指す。

他感化学物質（Allelochemical）

環境ホルモン——一つの種の生物によって生産され、環境へ放出されると、別の種の生物がそれに応答する物質。例としては、空中あるいは水中に放出される毒物、性誘引物質、果実成熟促進物質、花がつくり、肉の腐敗臭に似ていて嗅覚刺激物質などがある。フェロモンは同種の他個体へ働きかける他感化学物質の総称だが、性フェロモンは一方の性が生産し、他方の性がそれに応答する。「フェロモン」参照。

単為生殖（Parthenogenesis）

処女生殖。未受精卵が生活史のある段階の子孫へと発生するような発生の様式。卵から次世代をつくるのに交配を必要としないような、多くの動物ならびにプロトクチストの共生者に特徴的にみられる。精子の関与なしに、単一の親、母親によってつくられる動物。

タンパク質（Protein）

炭素、水素、窒素、酸素およびイオウからなり、あらゆる生物の乾燥重量の大部分を占める長鎖分子。タンパク質は、運動、化学反応の加速、塩分バランスの維持など無数の機能を果たしている。大部分の細胞は、物体が生命をもつのに不可欠な、千種類以上の異なるタンパク質を常時生産している。

DNA

デオキシリボ核酸という長い鎖の分子。炭素―水素―窒素―酸素―リンを含む二重らせんで、あらゆる細胞、したがってあらゆる生物の遺伝子を構成している。

同型(ホモ)接合性（Homozygosity　名詞＝homozygote　形容詞＝homzygous）
遺伝的に類似の両親に由来する二倍体生物における遺伝的同系状態。このような同型接合体は、単数ないし複数の遺伝子に関する同一の対立遺伝子（種類）をになう染色体対を一つまたはそれ以上もっている。「異型(ヘテロ)接合性」参照。

同型配偶子性（Isogamy）
発生を行わせるための受精に必要な性細胞（配偶子）が、大きさや形の点で（クラミドモナスの二つの同等の配偶子のように）たがいに同じものの生殖。形態とサイズの似た配偶子どうし（同型配偶子）の交配（対になること）はプロトクチストと菌類に共通にみられる。「異型配偶子性」参照。

同類交配（Assortative mating）
類似した個体間の交配が、異なる（類似していない）個体間に比べて成功度が高い（より多くの子孫を残せる）ような、ランダムではない交配もしくは性選択。類似した個体間の交配の成功度が高いのは同類的であり、全面的に異なる、無関係の集団に属する縁の遠いもの同士で交配が可能ならば、それは非同類的である。

動原体（Kinetochore）
セントロメア。染色体上にあって、細胞分裂（体細胞分裂および減数分裂）のときに、染色体を微小管に沿って極へ向かって動かすモーターとなる部分。通常、染色体のくびれた領域にあって、染色分体をたがいにつなぎとめている、ＤＮＡとタンパク質からなる構造。体細胞分裂と減数分裂のさいに、紡錘糸の結合する部位でもある。

突然変異（Mutation）
遺伝されるＤＮＡの変化——集団の進化において、遺伝的変異の究極的源泉。

トランスフェクション（Transfection）
水溶液からＤＮＡをとり込むことで誘導され、細菌と真核生物の培養細胞に自然に起こる遺伝的変化。

内部共生（Endosymbiosis）
パートナー間の物理的連合を指す生態学用語——一つの生物がもう一つの生物の内部に棲み込んでいる状態。細胞の中（ミトコンドリアや葉緑体になった細菌のような細胞内共生）に棲む場合と、体内ではあるが、細胞の間の場所（シロアリのプロトクチストや根と菌類の連合のように）に棲む場合とがある。

二親性（Biparentality）
親を二つもつ状態——有性的につくられた次世代がもつ特徴。

二倍体性（Diploidy）
核が二組の染色体の完全なセットをもつ、つまり核が二倍体であるという、真核細胞の状態。2n

と略して、一倍体（一セット、1n）と区別する。「一倍体性」参照。

二分裂（Binary fission）

性と無関係な生殖様式で、親の生物、コロニー、原核細胞もしくは真核細胞が分裂した結果、ほぼ同等の大きさの次世代をつくること。

ネオテニー（幼形成熟　Neoteny）

性的に成熟した親の動物が未成熟な特徴を残していること。例＝成体のヒトの頭の形は、他の成体の霊長類の頭がその新生児の頭に似ているよりも、新生児の頭によく似ている。ゴリラの頭の形は成熟につれて著しく変化する。親（陸生）のアホロートルサンショウウオの睾丸と卵巣は、幼生（遊泳性）の段階に発達する。ネオテニーはしばしば、その種が比較的新しく進化したことと対応している。

熱力学（Thermodynamics）

定量的科学の一つで、熱とその他のエネルギー形態の関係を扱う物理学の分野。

胚幹細胞（Embryonic stem cell）

出発となる細胞――分裂によって同定可能な子孫の細胞を生みだす細胞。動物の初期胚の全能性をもつ細胞は、その存在する位置に応じて、例えば血液の細胞にも、眼の細胞にもなることができる。植物では、先端の細胞が一種の胚幹細胞であり、その子孫細胞は植物の「皮膚」（表皮）あるいは中身（木髄）といった、特定の組織の層をつくることができる。

配偶子（Gametes）

性細胞、例＝精子および卵。ヒトその他の動物では、配偶子は減数分裂（別掲）によってできる。そのため、配偶子のもつ染色体数は他の細胞の半分である。精子が卵と融合（受精）して接合子（受精の産物）ができると、染色体数がもとに戻る。

ハイパーセックス（Hypersex）

恒久的共生創生現象――異なる種類の生き物どうしが物理的に不可逆的な連合をつくることによって、新しい細胞、器官、あるいは生物を創ること。ハイパーセックスは、発酵性、遊泳性、酸素呼吸性、光合成性などのさまざまな細菌どうしの連合によって、有核、遊泳性、酸素呼吸性の藻類の細胞をもたらしたプロセスである。ハイパーセックスは、かつては共生体であったものを完全に一体化させる機構であり、かつては壊れやすかった連合を恒久化する機構である。「共生創生」参照。

波動毛（Undulipodium）

繊毛、精子尾部など、すべての細胞突起物で、習慣的に「真核性鞭毛」とよばれるもの。これら運動性の細胞小器官は、ときには摂食機能や感覚機能を示し、少なくとも二〇〇種類のタンパク質から成っている。輪切りにしてみると、波動毛は原形質膜に包まれており、その中に特徴的な［9(2)＋2］の微小管の束がある。波動毛はあらゆる点で、これよりずっと小さい細菌の鞭毛（原核細胞の運動性小器官で、これと波動毛を混同しないこと）とは対照的なので、それとははっきり区別するために、波動毛という用語を使うことが望ましい。

微小管（Microtubule　形容詞＝microtubular）

真核生物の細胞運動性に不可欠な、細長く、中空のタンパク質でできた構造体。微小管の長さはさまざまだが、ふつう直径は一定で二四〜二五ミリである。紡錘体、波動毛など多くの細胞内構造の基礎構造。

表現型（Phenotype）

特異的な形質や一連の環境条件に関する生物の物理的組成。それらの形質を支える遺伝的基礎（遺伝子型）と対比して使われる。

フェロモン（Pheromone）

一種の他感化学物質。生物をとりまく環境へ放出されたとき、同種の他個体の行動または発生に影響を与える化学物質。一方の性で生産され、他方の性がそれに応答する場合、その物質は性フェロモンとよばれる。

複製（Replication）

多数のＤＮＡまたはＲＮＡ分子をコピーすることによって、増殖する過程。分子の倍加過程。

閉鎖系（Closed system）

熱力学とよばれる物理科学の一分科の研究において、物質の流入および流出に対しては閉じられているが、エネルギーに対しては必ずしも閉じられていない、一つの囲まれた領域のこと。地球・太陽系は、物質に対しては（隕石と宇宙塵を除けば）ほぼ完全に閉じられているが、エネルギーに対しては完全に開かれている（太陽光やその他の放射線）。

ヘイフリック数（Hayflick number）

よく哺乳類について行われる組織培養で、遺伝性の変化（染色体の欠失を含む突然変異など）が起こるか、死ぬまでに細胞に起こる分裂回数（世代数）の最大値。

鞭毛（Flagellum）

細胞のむち。波動毛を指す語として、今でもよく使われるが、細菌（原核生物）の細胞外構造に限定して使うべきで、それは「真核生物の鞭毛」とはまったく異なる。細菌の鞭毛は、比較的固い棒状の構造で、その心棒はフラジェリンとよばれるタンパク質でできており、基部で回転することによって運動する。電子顕微鏡で観察すると、細胞膜中にある四個または五個の一連のタンパク質がリングを形成しているのがみえる。

紡錘体（Mitotic spindle）

分裂中の真核細胞で一時的に形成される微小管からなる構造体で、後期における染色体の両極への移動に携わる（「体細胞分裂」参照）。

胞胚（Blastula）

動物の胚の名称。受精の結果として卵と精子の融合したものから発生するので、常に二倍体（染色体を二セットもっている）である。一個の受精卵は二分裂をくり返して未成熟の動物になるが、この胞胚の段階では、中に穴の空いたボールのようにみえることが多い。動物界のメンバーであることを示す、特徴的な胚の段階。

ランナウェイ選択（Runaway selection）

誇張された表現型や誇張された配偶選好性をもたらす遺伝子が選択され、集団内に維持された結果みられる配偶成功。アイリッシュ・エルク（オオジカ、*Megaloceros*）の雄は、みかけ上雌がそれを好むことが原因で、高さ一一フィート、重さ一〇〇ポンドもの、帽子掛けのような枝角をもっていた。

訳者あとがき

本書は、真核細胞（核をもつ細胞）の起源に関する「共生説」で、つとに有名なアメリカの生物学者、リン・マーギュリスが息子のドリオン・セーガンとともに著した「What is Sex ?」（一九九七年出版）の全訳である。この親子がコンビで、一般読者向けの本を書くのは、これでそろそろ一〇冊目ぐらいであろうか。ところで、本書は全訳といっても、コストの関係から、原著には豊富に挿入されていた、色鮮やかな写真や図の大部分は割愛せざるをえなかったことを、まずお断りしておく。

一年ほど前、「せりか書房」の船橋純一郎氏から本書の翻訳の話があったとき、著者とは旧知の間柄でもあるし、比較的気軽に引き受けた。しかし、一ヵ月もしないうちに後悔するはめになった。何しろ難しいのである。この著者特有の論理の飛躍と奔放な英文は、ふだん律儀な学術論文か、さもなければシドニー・シェルダンやジョン・グリシャムになじんだ頭には、初め、訳はおろか理解することさえ容易ではなかった。

それでも、久しぶりに負けん気をそそられたのが幸いしたのか、船橋氏との約束を果たすことができた。本書の随所で、「この意味が解るかな?」と、何か自分の知性に挑戦状をつきつけられたような気になったのである。「負けるものか」とひねり出した訳文なので、少なからず誤訳もあるに違いない。しかし、私なりの超訳で意味がとりやすくなったはずだと、いささか自負している部分も少しはある。読者の忌憚のないご批判をいただければ幸いである。

本書で展開されるのは、「性」に仮託した独特の文明論である。細胞と細胞を結びつける現象として始まった性は、やがて個体と個体を結びつけるものとなり、その結果として、来るべき人間の社会は、コンピュータ・ネットワークで緊密に一つに結び合わされた超生物（スーパーオーガニズム）なのだという。そこでは、ちょうどミツバチの世界と同じように、大部分の個体は生殖というドロドロした古臭い行為から解放され、全体と結びつくという形の性を享受するようになるらしい。こう書くと、何やらかびくさい全体主義さえ連想させ、反発する読者も出てきそうである。しかし、生命の歴史からみれば、性と生殖という二つの現象は、たまたま結びついたものにすぎない。その意味で、今、まさにわれわれの棲む人類社会で、クローン動物の作製に象徴されるように、性と生殖が乖離する兆候を示し始めているという主張には、なかなかの説得力がある。

動物たちの示すさまざまな行動や現象を紹介し、その起源をたどりながら、われわれ人類も動物界の一員として、逃れがたくその枠組みの中にあることを述べている著書は、このところ枚挙に暇がない。本書はそれに加えて、同じ枠組みの中で、人類の今後の運命までも予言している。その主張の当否は別として、私には本書を訳しながら、つくづくと感じたことが一つある。それは文明と文化の違いである。ある意味では、それはヒトと人間の違いでもある。こじつけかどうかはさておき、ある論理をもってすれば、文明の現状、コンピュータやバイオテクノロジーの発達は、すべてが生命の歴史という文脈の中で説明のつく現象である。それを外挿すれば、将来を占うことも可能である。つまるところ、文明とは動物の一員としてのヒトの必然、ないしは逃れがたい運命のことである。だとすれば、文化とは、この必然に抗おうとする人間特有の営為のことではないだろうか。すべての人間の営為が生物学的決定論の文脈で説明がつくとすれば、これほど寂しいことはない。マーギュリス親子に今度は斬新な文化論をのべて貫いたいものである。

一九九九年一〇月　石川　統

著者紹介

リン・マーギュリス（Lynn Margulis）

マサチューセッツ大学生物学部教授。全米科学アカデミー会員で地球生物学と化学進化についての常任委員会の議長をつとめ、現在はＮＡＳＡの地球生物学についての実習制度を指導している。主著に『細胞の共生進化』（邦訳・学会出版センター）などがある。

ドリオン・セーガン（Dorion Sagan）

サイエンス・ライター社のゼネラル・パートナー。マーギュリスとの共著に、『ミクロコスモス』（邦訳・東京化学同人）、『性の起源』（邦訳・青土社）、『不思議なダンス』（邦訳・青土社）、『生命とはなにか』（邦訳・せりか書房）などがある。

訳者略歴

石川　統（いしかわ　はじめ）

1940年東京都生まれ。東京大学大学院理学系研究科終了・理学博士。現在、東京大学大学院理学系研究科・教授。主な訳書に、E.J.アンブロス『生命のシンフォニー』、A.G.ケアンズ・スミス『生命の起源を解く七つの鍵』など。主な著書に、『細胞内共生』（東京大学出版会）、『分子進化』（裳華房）、『共生と進化』（培風館）、『バイオサイエンスへの招待』（岩波書店）、『ＤＮＡから遺伝子へ』（東京化学同人）、『遺伝子の生物学』（岩波書店）、『昆虫を操るバクテリア』（平凡社）、『分子からみた生物学』（裳華房）などがある。

性《セックス》とはなにか

2000年1月20日　第1刷発行
2000年3月24日　第2刷発行

著　者　リン・マーギュリス＋ドリオン・セーガン
訳　者　石川　統
発行者　佐伯　治
発行所　株式会社せりか書房
　　　　東京都千代田区猿楽町2-2-5　興新ビル
　　　　電話 03-3291-4676　振替 00150-6-143601
印　刷　信毎書籍印刷株式会社
装　幀　工藤強勝

ISBN4-7967-0223-7